青少年科普图书馆

图说生物世界

在猎物身上打洞的玉螺

——软体动物

侯书议 主编

上海科学普及出版社

图书在版编目(CIP)数据

在猎物身上打洞的玉螺 ： 软体动物 / 侯书议主编. －上海 ： 上海科学普及出版社，2013.4（2022.6重印）

(图说生物世界)

ISBN 978-7-5427-5610-7

Ⅰ. ①在… Ⅱ. ①侯… Ⅲ. ①软体动物－青年读物②软体动物－少年读物 Ⅳ. ①Q959.21-49

中国版本图书馆 CIP 数据核字(2012)第 271671 号

责任编辑 李 蕾

图说生物世界

在猎物身上打洞的玉螺——软体动物

侯书议 主编

上海科学普及出版社

(上海中山北路 832 号 邮编 200070)

http://www.pspsh.com

各地新华书店经销　三河市祥达印刷包装有限公司印刷

开本 787×1092 1/12　印张 12　字数 86 000

2013 年 4 月第 1 版　2022 年 6 月第 3 次印刷

ISBN 978-7-5427-5610-7 定价：35.00 元

前言

软体动物种类繁多，在我们的日常生活当中随处都能够见到，其中有很多早已经成为人类餐桌上的美味佳肴，如被称为“天下第一鲜”的蛤蜊、四大美味之首的鲍鱼，以及味道鲜美的扇贝和鱿鱼等。这些软体动物的肉质不但鲜美，而且富含多种营养物质。

别看软体动物的身体柔软且不擅长运动，但是，在面对天敌的时候，个个都能施展御敌绝技。一旦发现有敌人向它们发动攻击，它们马上就会关闭自己坚硬的贝壳或将身体缩进贝壳中。天敌通常情况下是无法咬破这些贝壳的，更不会将这些难以消化的贝壳吞进肚子里。用贝壳对付天敌虽然是软体动物最常见的御敌方式，但这种方式似乎技术含量不高，其实在软体动物当中还有很多具有特殊本领的成员：玉螺能够在敌人身上钻洞，海笋能够凿穿岩石，绿叶海蛞蝓能够“吞食”阳光，荧光乌贼能够发光，香蕉蛞蝓能够粘住敌人的嘴巴，大王乌贼甚至还有攻击人类船只的本领。

软体动物的世界里还有很多“奇人奇事”。冰海天使是一种非常神秘的软体动物，它的名字是由希腊神话中海神的名字演化而来；

福寿螺是一个非常厉害的外来入侵者，繁殖能力极强，如果食用不当，还能使人患病；而我们最熟悉的蜗牛更是奇特，它们在做爸爸的同时还可以做妈妈。

软体动物贝壳的形状千奇百怪：有像香蕉的香蕉蛞蝓，有像耳朵的南非鲍，有像鸡心的鸡心螺等。贝壳的颜色也多种多样：有红色的、蓝色的、绿色的，五彩缤纷。总之，千奇百怪的形状加上多种多样的颜色让贝壳变得十分美观。因此，它们就拥有了欣赏价值和收藏价值。美丽的贝壳给人们带来很多乐趣。此外，贝壳还可以被制作成各种精美的装饰品。说到装饰品，恐怕人们最喜欢的就是珍珠。其实，珍珠就是在软体动物的体内制造出来的。

软体动物还有很多神秘且有趣的故事。就让我们带着一颗好奇的心，一起走进软体动物神奇的世界吧！

目录

软体动物的神秘面纱

身怀绝技的软体动物

软体动物的“奇人奇事”

奇形怪状的软体动物

软体动物的神秘面纱

关键词：软体动物祖先、腹足纲、双壳纲、掘足纲、头足纲、单板纲、多板纲、无板纲

导　读：目前，人类记载的软体动物种类的数量已经达到13多万种，仅次于节肢动物的100多万种，位居所有动物种类数量的第二名。根据生理特征、形态结构等方面的不同，生物学家将种类众多的软体动物分为7个纲：腹足纲、双壳纲、掘足纲、头足纲、单板纲、多板纲、无板纲。双壳纲的成员都生活在水中，大部分在海洋中。而腹足纲的成员遍布于海洋、淡水及陆地，以海生最多。其他纲的成员都生活在海洋里。

软体动物的祖先是个谜

从生命诞生的那一刻起到今天,已经历经数亿年。在这漫长的岁月里,地球上的自然环境发生了无数次的巨变,生物为了生存,就必须不断地进化以适应新环境。因为无法适应新环境而在地球上消失的生物比比皆是,其中最让我们为之惋惜的当属恐龙。

今天还依然活着的生物,大多都是经过世世代代不断地进化才得以存活下来的。这些生物的外貌、器官功能等与它们的祖先或多或少都有一些不同,甚至是完全不同。这给那些研究生物进化史的生物学家带来了极大的困难,其中,软体动物的进化史研究便是其中之一。

对于谁才是软体动物的祖先，生物界有很大的分歧。一类观点认为，扁形动物是软体动物的祖先。扁形动物是最简单和最原始的三胚层动物，它们的身体扁平，且左右两侧对称。三胚层动物是指成体的构造是由内胚层、中胚层和外胚层三个胚层构成的动物。

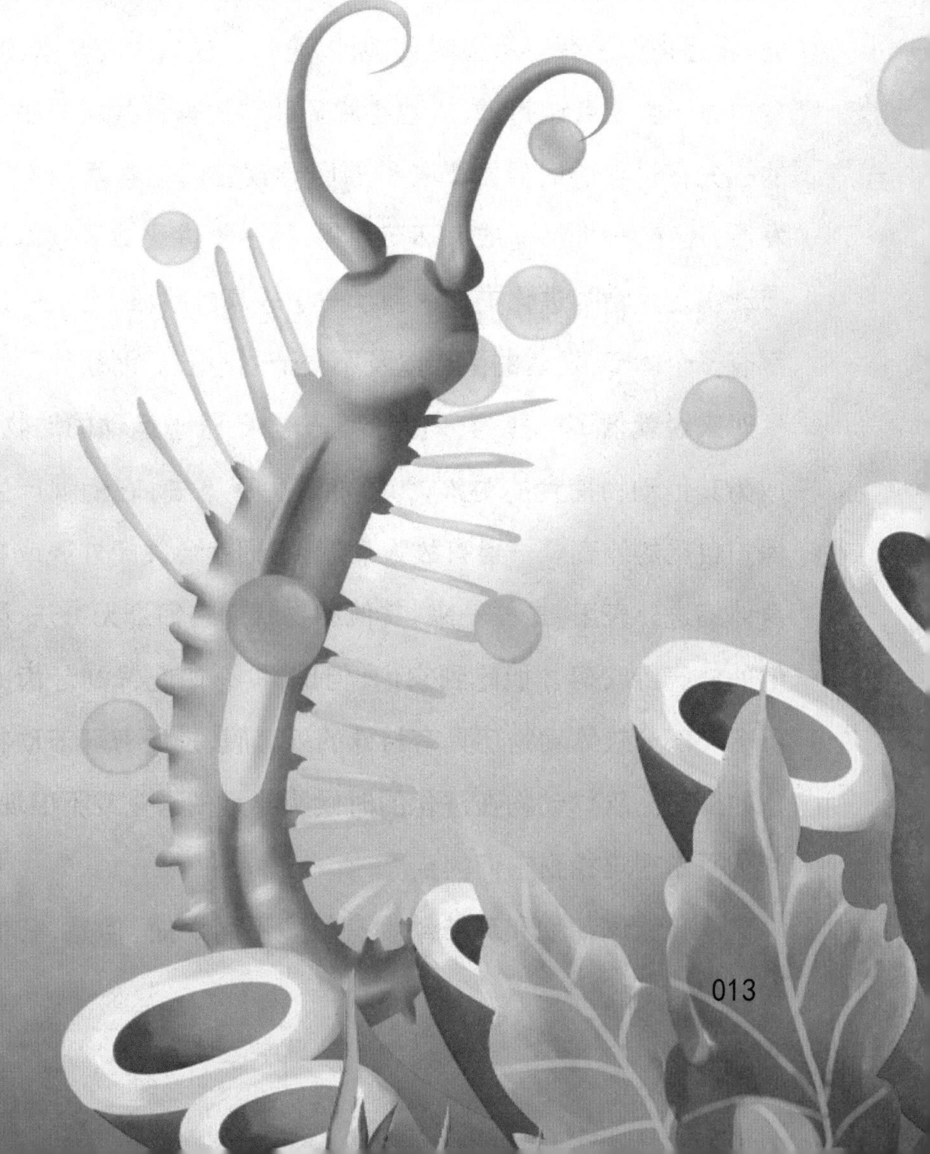

扁形动物和软体动物在形态结构上有相似之处。它们同属于无脊椎动物，它们的背侧没有脊柱。绝大多数的软体动物和所有的扁形动物一样，身体两侧都是对称的，只有少数的软体动物的身体不是两侧对称的。仅以外部特征相似就说扁形动物是软体动物的祖先，看起来似乎有些牵强附会，所以遭到了很多生物学家的质疑。

另一类观点认为，软体动物和环节动物有着共同的祖先。它们的祖先在进化的时候由于各种原因导致它们朝着两个不同的方向发展，最终，一类进化成了环节动物，另一类进化成了软体动物。环节动物在生物的进化史上达到了一个较高的阶段，它们的成员大多都有多个体节、发达的头部以及不分节的附肢。而软体动物的进化相对来说就低了一些，它们大多是一些不善于运动的动物，很容易成为其他动物捕食的对象，为了能够生存下去，它们就产生了可以保护自己的外壳。一旦有敌人靠近，它们就会关闭外壳或将柔软的身体缩进外壳里。这样一来，其他动物就拿它们毫无办法，除非将它们的外壳给咬碎才能吃到它们，但是，具有如此锋利牙齿的动物并不多。部分软体动物还具有特殊的外套膜，是所有环节动物所不具备的。此外，软体动物在进化的时候头部大多退化或不出现了，所以我们平常很难找到它们的头。

尽管软体动物和环节动物有很多不同之处，但是，它们也有很

多相同之处。生活在海洋里的软体动物和很多种类的环节动物在胚胎发育的时候都会首先发育成担轮幼虫。担轮幼虫体型非常小，身体圆而透明，并长有可以帮助它游泳的口前纤毛环。另外，软体动物和环节动物的发育都必须经过螺旋式卵裂，并且它们都有次生体腔和后肾管。从这些方面来看，软体动物和环节动物属于同宗近亲。

以上两种观点争论不休，莫衷一是，但是，大部分生物学家比较认同第二种观点。

“旧时代”的原软体动物

由于年代久远,一时间无法找到软体动物的祖先。软体动物真正出现的年代大约在前寒武纪(5.7 亿 ~5.4 亿年前)。

前寒武纪时期,原软体动物大多生活在浅海处。它们的体型多为卵圆形,且两侧对称,体长不到 1 厘米。那时候,它们的头部还没有完全退化,位于身体的前端,上面还长有一对触角,而眼睛就长在触角上。在它们扁平的身上长有足,且能够爬行。

原软体动物的身体上早已经出现了贝壳。据科学家推测,那时候贝壳的成分仅仅是角蛋白。角蛋白又被称为贝壳素。随着进化逐步完善,贝壳素上又逐渐积累了大量的碳酸钙,增加了贝壳的坚硬度。在贝壳下面长有一层具有很强分泌能力的外套膜,而贝壳就是由外套膜所形成的。原软体动物身上长有能够进行呼吸的鳃。

无论是在原软体动物的外套膜或皮肤上,还是在鳃的表面上,都长有纤毛。纤毛能够不停地摆动,使水从原软体动物的体内经过,既可以促进它们体内气体的交换,又有助于它们捕捉食物。

据生物学家推测,原软体动物可能和现存的软体动物的口腔结

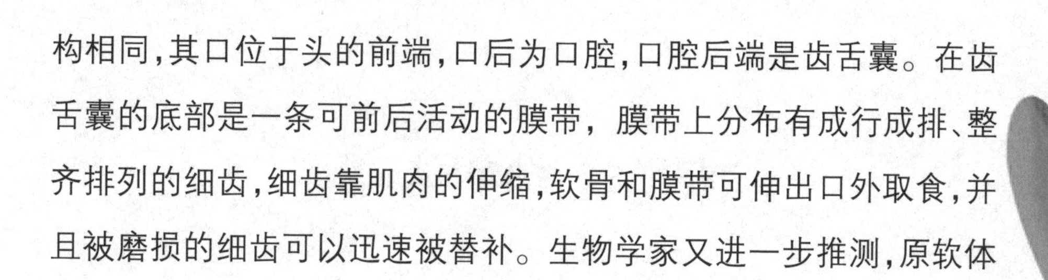

构相同，其口位于头的前端，口后为口腔，口腔后端是齿舌囊。在齿舌囊的底部是一条可前后活动的膜带，膜带上分布有成行成排、整齐排列的细齿，细齿靠肌肉的伸缩，软骨和膜带可伸出口外取食，并且被磨损的细齿可以迅速被替补。生物学家又进一步推测，原软体动物是素食主义者，常常以藻类为食。

原软体动物的发育过程比现存的软体动物简单。现存的软体动物首先会经过发育成为担轮幼虫，然后经过很短的一段时间，再发育成面盘幼虫。在面盘幼虫期间，软体动物的内脏、足等结构开始逐渐地长出来了。

原软体动物只需要经过担轮幼虫期便可以发育成成体，而不需要再经过面盘幼虫期。在担轮幼虫期，原软体动物的前纤毛轮会逐渐消失，然后再经过变态发育，就能成为成体。从此之后，它们就可以开始在海底安家落户、生活。

“新时代”的软体动物

经过数亿年的进化，软体动物的头、足和内脏团三部分都有所变化，使得它们身体器官的功能越来越完备，防御敌害的本领也越来越强，更加适合当今的生活环境。如今，它们的身体都变成什么样了呢?

不同软体动物的头部进化的程度不同，有的软体动物的头部很发达，有的软体动物头部不发达，有一些软体动物的头部甚至已经消失了。对于乌贼和田螺等善于运动的软体动物来说，它们的头部十分发达，并长有眼睛和触角等器官；对于石鳖等不善于运动者，它们的头部或许不会长眼睛，而眼睛可能会长在身体的其他部位；对于蚌类、牡蛎等喜欢居住在洞穴之中的软体动物，它们的头部早已经消失了。

“足”是重要的运动器官，对于绝大多数动物来说都是必不可少的，但是，对于一些软体动物来说，有没有足都不妨碍它们运动。软体动物的足部通常位于身体的腹侧，不同软体动物足的进化程度不同。进化比较发达者的足部有多种形状，如斧状、叶状或柱状等。这

些形态各异的足不但可以用来爬行，还可以用于挖掘洞穴。像扇贝等软体动物的足已经退化了，以致于不能够再进行运动了。而牡蛎在进化的过程中已经失去了足。章鱼和乌贼的足有些已经进化成了用于捕捉食物的腕。

至于软体动物的内脏团，多数位于足的背侧，且左右对称。不过，螺类的内脏团却是螺旋状扭曲着的。

软体动物的盔甲——贝壳

绝大多数软体动物体表都长着一个或多个贝壳，因此，软体动物又被称为贝类。贝壳对于它们来说，就像是一个护身的盔甲，在遭到敌人袭击的时候，只要关闭贝壳或将身体缩进贝壳里，敌人就无法伤害到它们的肉体。

贝壳在生物学上的解释是：软体动物的外套膜，具有一种特殊的腺细胞，其分泌物可形成保护身体柔软部分的钙化物，称之为贝壳。

贝壳是由95%碳酸钙以及少量的贝壳素构成。贝壳可分为3层：最外面的角质层、中间部分的棱柱层和最里面的珍珠质层。角质层透明且有光泽，不怕酸碱的腐蚀，虽然厚度很薄，却能够对贝壳起到至关重要的保护作用；棱柱层是由一种叫方解石的碳酸钙矿物构成，它占整个贝壳的绝大部分；珍珠质层很有光泽，是由霰石构成。角质层和棱柱层都是由外套膜的分泌而形成的，它们的大小可以随着贝壳的长大而变大，但是厚度一直不会有变化。珍珠质层是由所有套膜分泌而形成的，它不但会随着贝壳的生长变大，而且还会变

厚。

当然，贝壳的种类也多，根据形状、色彩、条纹以及生长地域等不同而有不同命名。我们常见的贝壳种类有：

虎斑贝、白玉贝、夜光贝、五爪螺、猪母螺、珍珠贝、贞洁螺、唐冠螺、七角贝、猪耳壳 、马蹄螺、大角螺 、宝螺、凤凰螺、海蜗牛、帽螺、海蛳螺、玉螺、船蛸、鹑螺、蛙螺、弹头螺、榧螺、谷米螺、假榧螺、法螺、货贝、冠螺、栉棘骨螺、红螺、辐射樱蛤、红鲍螺、鸡心蛤、鳞砗磲、菊花偏口蛤、日光樱蛤、太平洋狐蛤、天使之翼海鸥蛤、澳洲海扇蛤、秀峰文蛤、油画海扇蛤、纯色海菊蛤、红花宝螺、黄宝螺、拉马克宝螺、西非樱蛤、雪山宝螺、眼斑宝螺、白星宝螺、地图宝螺、百眼宝螺、黑星宝螺、黄金宝螺、狐蛤、鼠宝螺、长鼻螺、大笋螺、红狐笔螺、红钻螺、花点鹑螺、栗色鹑螺、驴耳鲍螺、毛法螺、翼法螺、女王凤凰螺、泡形榧螺、金棕弹头螺、金拳凤凰螺、润唇凤凰螺、水晶凤凰螺、小枇杷螺、膨肚枇杷螺、雄鸡凤凰螺、黑嘴凤凰螺、金斧凤凰螺、云斑谷米螺、网纹长鼻螺、大赤旋螺、鹬头骨螺、长拳螺、长香螺、刺球骨螺、长旋螺、大千手螺、大皱螺、杜氏长旋螺、洋葱螺、花斑长旋螺、花边骨螺、华丽骨螺、金口蛙螺、女巫骨螺、锦鲤笔螺、马丁长鼻螺、黑齿法螺、扭法螺、橙口榧螺、棕线旋螺、左旋香螺、旋梯螺、赞氏银杏螺、粗瘤凤凰螺、花瓶凤凰螺、火焰唐冠螺、台湾枣螺、锥螺、薄唐冠螺、海

兔螺、紫袖凤凰螺、宝石钟螺、大轮螺、紫螺、交织钟螺、猫眼蝶螺、夜光蝶螺、赤蛙螺、大白蛙螺、大竖琴螺、南非蝶螺、竖琴螺、西非杨桃螺、紫口蜘蛛螺、水字螺、红翁戎螺、菱角螺、龙宫翁戎螺、翁戎螺、蜘蛛螺……

仅仅读这些贝壳种类的名字就令人目不暇接、美不胜收，这是软体动物赐予人类的视觉和审美享受。当然，这仅仅是从人类的角度看待问题，事实上这些五彩斑斓的贝壳是软体动物家族的生存根本和命脉所在。

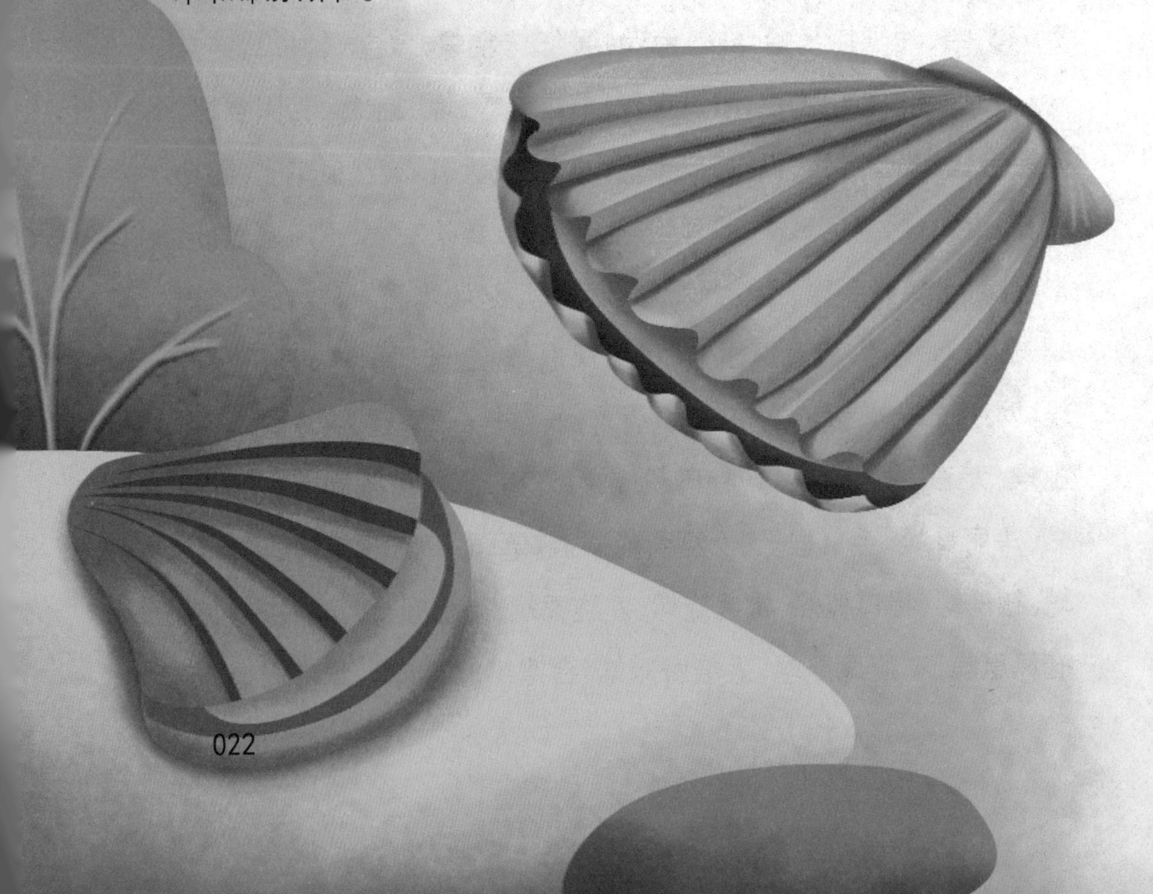

让人欢喜让人愁的软体动物

软体动物在我们的生活中经常会见到，其中有河蚌、田螺、鱿鱼、章鱼等。它们大多肉质鲜美、营养丰富，被人类做成了多种多样的美味佳肴。软体动物大多身上都会背着一个贝壳，这些贝壳不但形状各不相同，而且拥有五彩缤纷的颜色，看上去十分美观。贝壳虽然能够起到保护它们的作用，但是，贝壳也同时妨碍了它们的运动。无论是背着贝壳的软体动物，还是没有贝壳的软体动物，它们的运动速度都特别慢，这也为什么人类容易捕捉它们的原因之一。

除了供人类食用之外，软体动物还可以用在农业、工艺美术业、地质等方面。在农业上，有些小型软体动物的繁殖能力特别强，人们可以将这些数量众多的小型软体动物制作成农作物需要的肥料，播撒在农田当中，对农作物的生长有很大帮助；在工业美术业中，贝壳不但可以加工成各种精美的装饰品，还可以用来作画；在地质上，生物学家可以根据在地层中发现的贝壳化石来判断古时候的水域温度以及气候环境等。

大多数的软体动物能够为人类作出贡献，但是，也有一些软体

动物却给人类带来了危害。菜农和果农种植的蔬菜、水果，常常被蜗牛和蛞蝓等一些软体动物侵食，它们特别喜欢吃蔬菜和水果的叶子、嫩芽、果实等，导致蔬果的收成大减。种植海带和紫菜的人对于一些草食性的软体动物也非常厌恶，因为这些软体动物专门吃食这些藻类。海洋中还有一些肉食性的软体动物，它们也吃其他种类的软体动物的幼虫，这给海洋养殖业带来极大的经济损失。

虽然软体动物看起来十分柔软，但是，它们对物体的损坏能力非常大。有些软体动物能够吸附在船底，一旦船底吸附了太多的软体动物，就会影响船只的航行速度。更可怕的是像海笋、船蛆这些软体动物，它们能够穿透厚厚的木质船板，甚至还能够穿透坚硬的岩石。在大海中航行的船只，如果遇到这些软体动物，后果不堪设想。

既有水生又有陆生的腹足纲

据生物学家推测，腹足纲动物最早出现在早寒武世（距今 5.7 亿 ~5.4 亿年），到了中寒武纪（距今 5.4 亿 ~5.23 亿年）、晚寒武世（距今 5.23 亿 ~5.05 亿年），开始逐渐繁盛起来。

在奥陶纪（距今 5.1 亿 ~4.38 亿年）时期，包括软体动物在内的所有海洋无脊椎动物达到鼎盛时期，腹足纲在这个时期出现了很多新种类。当时，腹足纲的成员遍布于欧洲、亚洲、北美洲等地的海洋中。到了石炭纪（3.6 亿 ~2.86 亿年），海洋里的腹足纲动物才开始向淡水和陆地转移。

如今，腹足纲的成员种类数量已经达到 6 万 ~8 万，成为软体动物中最大的一个纲。无论是在海洋或淡水中，还是在陆地上，都能找到腹足纲成员的身影。我们知道，生命起源于海洋，所以水生的腹足纲成员要远远多于陆生的腹足纲成员，而海生的腹足纲成员则多于淡水生的腹足纲成员。据生物学家统计，生活在海洋中的腹足纲成员有 3 万多种，生活在淡水中的成员有 5000 多种，生活在陆地上的成员有 3 万多种。

腹足纲动物最大的一个特征就是有一个螺旋状的贝壳，因此，又被称为单壳类或螺类。腹足纲的贝壳有很多螺层构成，在各个螺层之间还有一条深浅不一的缝合线。不同种类的贝壳的螺旋方向有所不同，多数为右旋，少数为左旋。这类软体动物的头部和脚部两侧对称，但是内脏团和贝壳一样都是螺旋状。之所以出现这种情况，就是因为它们在发育的过程中，由于身体的扭转，才导致内脏扭转并

变成螺旋状的。

腹足纲动物相对于其他软体动物来说，进化得比较先进。它们大多有发达的头部，头上还长有眼睛和触角。在它们的口腔底部长有角质齿状咀嚼器——齿舌。齿舌上大约有数千个微小的牙齿，在摄取食物的时候会前后伸缩，像锉刀一样将食物磨碎，然后吃进口腔。腹足纲动物体内含有唾液腺，但是没有任何消化作用。真正起消化作用的是它们极其发达的肝脏，因为肝脏能分泌酸酶和蛋白酶。

腹足纲动物的脚都十分发达，不但长有可以分泌黏性液体的足腺，而且还长有很多肌肉质，比较善于运动。该纲的一些成员可以在水底爬行，有些成员可以在陆地上爬行。在爬行的时候，它们都是依靠肌肉质的收缩来推动身体前进的。

腹足纲动物既有雌雄异体，也有雌雄同体。对于那些雌雄同体

的动物来说，它们的性别是不固定的，可以在某一段时间内当妈妈，在另一段时间内当爸爸。

由于腹足纲的种类众多，所以，生物学家又对它们进行了更加细致的分类，将它们分为3个亚纲：前鳃亚纲、后鳃亚纲、肺螺亚纲。

前鳃亚纲的动物既可以生活在海洋当中，也可以生活在淡水当中，它们体外长有发达的贝壳，头上只长有一对触角。前鳃亚纲的动物为雌雄异体。其中包括鲍鱼、马蹄螺、玉螺、虎斑宝贝、水字螺、荔枝螺、织纹螺等。

后鳃亚纲的动物只生活在海洋当中，它们的贝壳都不发达，有的有内壳，有的贝壳已经退化，有的甚至没有贝壳。它们有些长有2对触角，有些长有1对触角，有些并没有长触角。这类软体动物为雌雄同体，且可以在不同时期变换性别。其中包括海兔、拟海牛、蓑海牛等。

肺螺亚纲与前鳃亚纲和后鳃亚纲的动物都有所不同，它们没有呼吸器官——鳃，所以只能依靠肺囊呼吸。它们不但可以在水中生活，还可以在陆地上生活。它们虽然长有贝壳，但是贝壳上却没有盖，所以无法闭合。这类软体动物为直接发育，它们的胚胎可以不需要经历幼虫发育时期，而是直接成为成熟个体，其中包括菊花螺、萝卜螺、圆扁螺、华蜗牛等。

双壳纲的动物有一个最明显的特点：长着两片大小相同且左右对称的贝壳。因此，人们才称它们为双壳类。此外，它们还都具有瓣状的鳃，所以双壳纲又被称为瓣鳃纲。它们的头部在进化的过程中已经消失了，所以也有人称它们为无头类。

双壳纲的动物们都生活在水中，大多数生活在海洋中，少数生活在淡水中。它们的分布非常广，即使从赤道到两极的咸化海和淡水湖中都有它们的踪迹。目前，双壳纲的种类数量约有2万。

双壳纲贝壳的壳顶位于贝壳的中央，不但向外突出，而且向前方倾斜。在壳顶周围还长有圆环状的生长线。两片贝壳上面的齿和齿槽互相吻合，所以它们才能够紧紧地闭合在一起。

双壳纲动物在进化的过程中，足呈斧状，所以还被称为斧足类。它们大多不擅长运动，所以经常隐藏在泥沙当中，有的还将身体固定在特定的物体上。不过，它们斧状的足非常厉害，不但可以凿穿树木，还可以凿穿坚硬的岩石，它们大多的时间就居住在自己凿出来的洞穴中。

双壳纲动物取食的方式有两种:沉积取食和过滤取食。无论是沉积取食,还是过滤取食,都离不开鳃。

通过沉积取食方式的双壳纲动物有云母蛤、湾锦蛤等,它们都是比较原始的一类,长着一对小双栉鳃,双栉鳃上的两侧都长有鳃丝,鳃丝上长满了能够摆动的纤毛。当鳃丝和垂唇表面上的纤毛同时摆动时,水就会从动物身体的前端或腹缘进入体内,再经从身体后端流出体外。

在经过漫长的进化之后,它们嘴的两侧出现了唇须和唇瓣。在取食的时候,它们首先会将唇须伸出贝壳外,伸向沉淀物,并用唇须

上的黏液将食物粘住，并送到唇瓣上。唇瓣能够对大小不一的食物进行筛选，大的食物将会被送到外套腔里，被水冲走，而小的食物就直接被送进了嘴里。

如今，所有的瓣鳃类以及少数的原鳃类都是通过过滤取食方式进行取食的。这类动物在进化的过程中部分器官发生了巨大的变化，原本起呼吸作用的鳃最后变成了滤食器官。从此，鳃不再用于呼吸，而是改用于过滤食物。鳃发生的最大变化是鳃丝从原来的三角形逐渐地向两侧延伸，最终变成 W 形。此外，在鳃丝的表面还有很多长短不一的纤毛。这种经过进化的鳃被称为丝鳃。而有些进化更

加复杂的鳃，表面成网格状，被称为瓣鳃。它们在取食的过程中，首先会摆动鳃和外套膜上的纤毛，水就会从入水管或后端腹缘进入外套腔，在鳃丝纤毛的作用下，水又经过鳃腔内，并从出水管流出。当水携带着浮游生物等有机物经过鳃上的纤毛时，纤毛会对食物进行初步的过滤。接着，微小的食物会被前纤毛送到食物沟内，再从食物沟内进入嘴里和垂唇。垂唇也有过滤作用，较大的食物会因为无法通过垂唇而被排到外套腔中，然后通过闭壳肌的张开和闭合而排出体外。

对于双壳纲的动物来说，大多数都是雌雄异体，只长有一个生殖器。

双壳纲又被分为三个目：列齿目、异柱目、真瓣鳃目。

列齿目动物都有两个发达的闭合肌。它们成员的鳃有些不同，有的为盾鳃，有的为丝鳃。其中，湾锦蛤、蚶就是列齿目的成员。

异柱目动物的后闭壳肌相当发达，而前闭壳肌有些动物不发达，有些动物已经消失了。其中，具有代表性的成员有贻贝、马氏珍珠贝、牡蛎、栉孔扇贝等。

真瓣鳃目动物的前闭壳肌和后闭壳肌都十分发达。在中国发现的真瓣鳃目的成员达 50 多种，它们的成员包括珠蚌、文蛤、海笋、船蛆等。

泥沙中的穴居者——掘足纲

掘足纲动物在奥陶纪（距今5亿~4.4亿年）时期就已经出现了，它们最大的特点就是脚能够伸得很长，位于吻的基部之后，呈柱状，末端为三叶状或盘状，非常适合挖掘泥沙。因此，它们常常居住在自己挖掘的洞穴中。

掘足纲动物都长有象牙状的贝壳。贝壳的前端比较粗，被称为头足孔；后端比较细，被称为肛门孔。这类动物的头部已经退化，看上去不明显，但是长有不能够伸缩的吻。在吻上长有很多的头丝，头丝能够伸出壳外，获取食物。掘足纲动物都是食肉类动物。

掘足纲动物都生活在海洋当中，从潮间带（即大潮期的最高潮位和小潮期的最低潮位间的海岸，也就是海水涨至最高时所淹没的地方至潮水退到最低时露出水面的范围）到4000米的深海当中都有分布。它们属于小型的软体动物，贝壳长度在0.4厘米~15厘米之间，而大多为3~6厘米。

目前，掘足纲动物仅剩下300种左右，被分为2个目：角贝目和管角贝目。

角贝目的贝壳为角状，壳长可达 10 厘米，其中最具代表性的动物为角贝。角贝的贝壳多为黄白色，少数为绿色，壳的表面光滑或有刻纹。它们常常将自己埋藏在泥沙当中，一般会露出壳口较小的后端。

管角贝目的贝壳两端细中间粗，足的末端为盘状，其中最具代表性的动物为棱角贝。

最聪明的软体动物——头足纲

头足纲动物最早出现在寒武纪晚期（距今 5.23 亿 ~5.05 亿年前）。当时，最繁盛的头足纲成员当属鹦鹉螺类，它们是一类体型巨大的食肉性动物。

距今 4.5 亿 ~3 亿年前的古生代，鹦鹉螺类分化为箭石类等种类。如今，鹦鹉螺类又分化成了新头足类等种类。古代的头足纲动物都有贝壳，且为圆锥形，但是，在经过数亿年的进化之后，虽然很多种类依然有贝壳，但是它们的贝壳变成了螺旋形，而一些无法适应新环境的种类在白垩纪（距今 1.45 亿 ~0.65 亿年前）就在地球上消失了。如今，头足纲动物已经成为世界上最聪明的软体动物，甚至是世界上最聪明的无脊椎动物，因为它们拥有极其发达的知觉和大脑，大脑比其他纲的软体动物的大脑要大一些。它们的头部非常发达，在头上不但长着两只发达的眼睛，而且还长着很多足，正是因为如此，它们才被称为头足类。不过，它们的足在经过特殊的分化进化之后已经变成了腕。

头足纲的一般行动方式是利用喷射动力，充满氧气的水被吸入

外套膜中的鳃之后，肌肉收缩使空间减少，使得水从漏斗喷出，通常是背对着水喷出，并且能够用漏斗控制方向。这是一种相对用尾巴推进更为耗能的移动方式，相对效率随着体型增大而降低，这也使一些种类尽可能使用鳍和臂来推进。

头足纲动物都是肉食性动物，比如鹦鹉螺及具腕间膜的蛸类等较深海底的底栖动物以微小的动物为食；乌贼、章鱼类浅海底栖生活的头足纲软体动物则以水底生活的鱼、蟹、多毛类等为食。

头足纲动物在古代非常繁盛，发现的化石就达到 1 万多种，而如今，现存的种类仅有 786 种。加上已经灭绝的种类，头足纲可以

分为4个亚纲：菊石亚纲、蛸亚纲、鹦鹉螺亚纲、新蛸亚纲，而现存的只有鹦鹉螺亚纲和蛸亚纲两个亚纲。

菊石亚纲动物因为身上长有类似菊花的线纹而得名。它们最早出现在中奥陶世，是由鹦鹉螺进化而来，随后而又灭绝于晚白垩世。它们的外壳比较光滑，并有三角形、圆球形、环形等形状。此亚纲最具代表的动物就是菊石，它生活在海洋的上层，死后会沉入海底。

蛸亚纲动物出现在3.3亿年前的始石炭纪（又叫密西西比纪），也有生物学家发现了泥盆纪（距今4亿~3.6亿年前）时期的化石，不过，有些生物学家并不认为它们属于蛸亚纲的成员。到了晚石炭世（距今3.2亿~2.8亿年前），蛸亚纲的动物种类变得极为繁盛。随后，它们便在地球上消失了。蛸亚纲最具代表性的就是已经灭绝的圆柱箭石。

新蛸亚纲动物的祖先是蛸亚纲动物。新蛸亚纲最具代表性的动物是乌贼、鱿鱼以及吸血鬼乌贼等。

鹦鹉螺亚纲动物最早出现在5亿多年前，而发现的最大的鹦鹉螺化石是在奥陶纪（距今5亿~4.4亿年前）的地层中发现的，长达十多米。现存的鹦鹉螺类大多为平旋壳，少数为环形壳或弓形壳。贝壳的表面非常光滑，且呈灰白色。鹦鹉螺亚纲最具代表性的动物是鹦鹉螺。

幸存者——单板纲

单板纲动物在早寒武世(距今 5.7 亿 ~5.4 亿年前)就已经出现了,而在 3.5 亿年前的泥盆纪时期,几乎全部灭绝。然而,就在很多生物学家宣布此纲动物全部灭绝的时候,在 1952 年,一名生物学家发现了一种被命名为加拉提亚新碟贝的单板纲动物。到了 1957 年,又有 8 种新种类先后被发现。

单板纲动物口腔中长有齿舌,身体两侧左右对称。它们长有一个形状变化很大的贝壳,有帽状、罩形以及平旋壳等。它们的足十分发达,周围长有 8 对足肌。

生物学家在亚洲、欧洲、北美洲等地的早古生代的地层中发现了很多单板纲的化石。这些化石对研究贝类的起源和进化史有着很重要的意义。

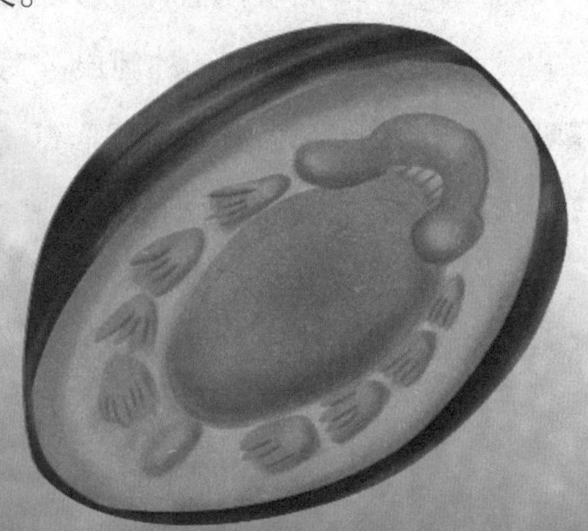

岩石上的寄居者——多板纲

多板纲生物早在晚寒武世(距今 5.23~5.05 亿年前)就出现在地球上了,它们分布在世界各地的海洋中。它们的头为圆柱状,不发达。头的后面长着宽大的足,不但能够缓慢运动,还可以吸附在岩石表面,所以它们经常生活在岩石的裂缝中。身体呈椭圆形,贝壳多数由 8 块钙质板片组成,极少数为 7 块。

现存的多板纲动物大约有 1000 种,被分为三个目:鳞侧石鳖目、锉石鳖目以及毛肤石鳖目。鳞侧石鳖目动物大多生活在深海或浅海中,它们的体型较小,其中最具代表性动物是函馆鳞侧石鳖。锉石鳖目动物的身体为椭圆形,大多生活在潮汐带的岩石上,其中最具代表性的动物为花斑锉石鳖。毛肤石鳖目动物体型或长形,或椭圆形,且大小各异。其中最具代表性动物为红条毛肤石鳖。

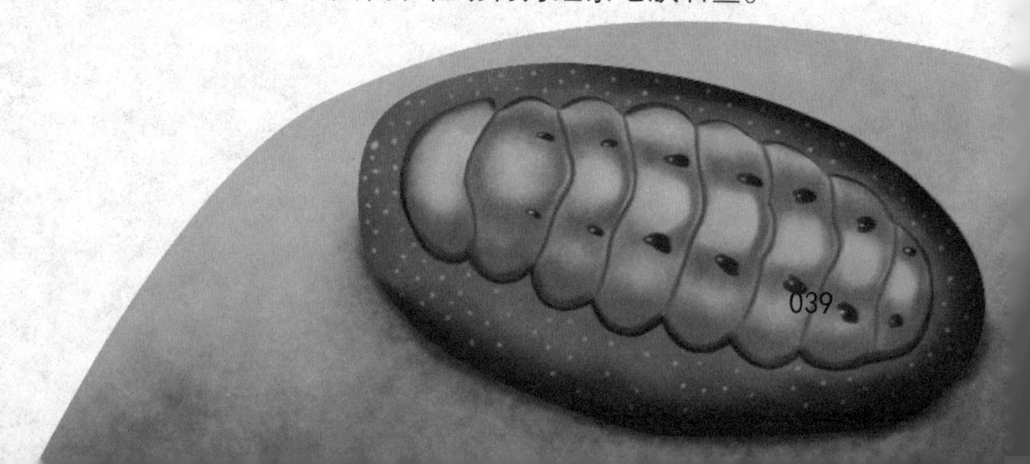

锯形牙齿的拥有者——无板纲

无板纲动物的踪迹曾经遍布全球，但是，生物学家至今也没有在地层中发现无板纲动物的化石。它们大多生活在低潮线下10~4000米的海底，多数生活在海底的软泥中，少数生活在珊瑚礁中。无板纲动物身体为圆柱形，且左右对称。它们属于食肉性动物，多以孔虫和原生动物为食。目前仅存的种类约300种，被分为2个目：毛皮贝目和新月贝目。

毛皮贝目动物的身体呈圆筒状，头部和躯体被一个收缩部给分离开来，齿舌上长有一颗大齿，大齿上有很多的锯形牙齿。其中最具代表性的动物是毛皮贝。

新月贝目动物的身体两侧对称，头部和躯体没有明显的界限。此类动物为雌雄同体，既可以做爸爸，又可以做妈妈。其中最具代表性的动物是新月贝和龙女簪。

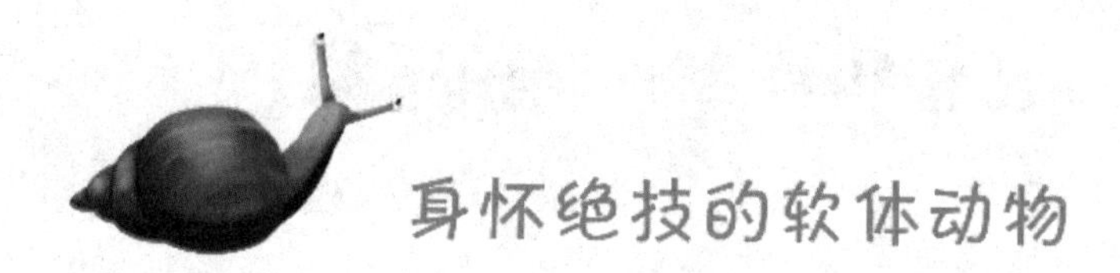

身怀绝技的软体动物

关键词：玉螺、绿叶海蛞蝓、石鳖、海笋、吸血鬼乌贼、荧光乌贼、香蕉蛞蝓、庞贝蠕虫、火焰乌贼、大王乌贼、蓝环章鱼、蜗牛

导　读：软体动物让人想到的首先是它的柔软，这种动物如此柔软，怎么能够自我保护呢？事实上，一些软体动物依靠特殊的技能，不但能够防范天敌，还可以进行捕食活动。

在猎物身上打洞的玉螺

大家一定都见过蜗牛吧，它们背上的壳不但是它们的家，还是它们的保护壳。玉螺也是一样的，它们是一种体形大小不一的海蜗牛，也被一个坚实的外壳包裹着，从外表看去，就像是一个球或是一个陀螺，外壳的表面很平滑或是带有一些纤细的旋形刻纹，壳口则是一个半月形状。玉螺的内唇滑层很厚，有时候会呈现出肋状，几乎能把整个脐孔遮盖住。

如果我们仔细观察玉螺，就会发现它们的足极其发达，不但可以将贝壳整个包住，还能像锄头一样挖掘泥沙，因此当玉螺从沙滩上爬过之后，总会在沙面上留下一条清晰的痕迹。它们的触角十分扁平，前端很尖，并且呈三角形。玉螺的眼睛已经退化，只有一个可以伸缩的吻。

玉螺的历史十分悠久，最早可以追溯到白垩纪，其种类则多达

80余种，常见的有扁玉螺、斑玉螺、线纹玉螺、蛛网玉螺等。

那么，在漫长的进化过程中，小小的玉螺是如何存活下来的呢？其实，玉螺并不像看上去那么弱小，它们属于

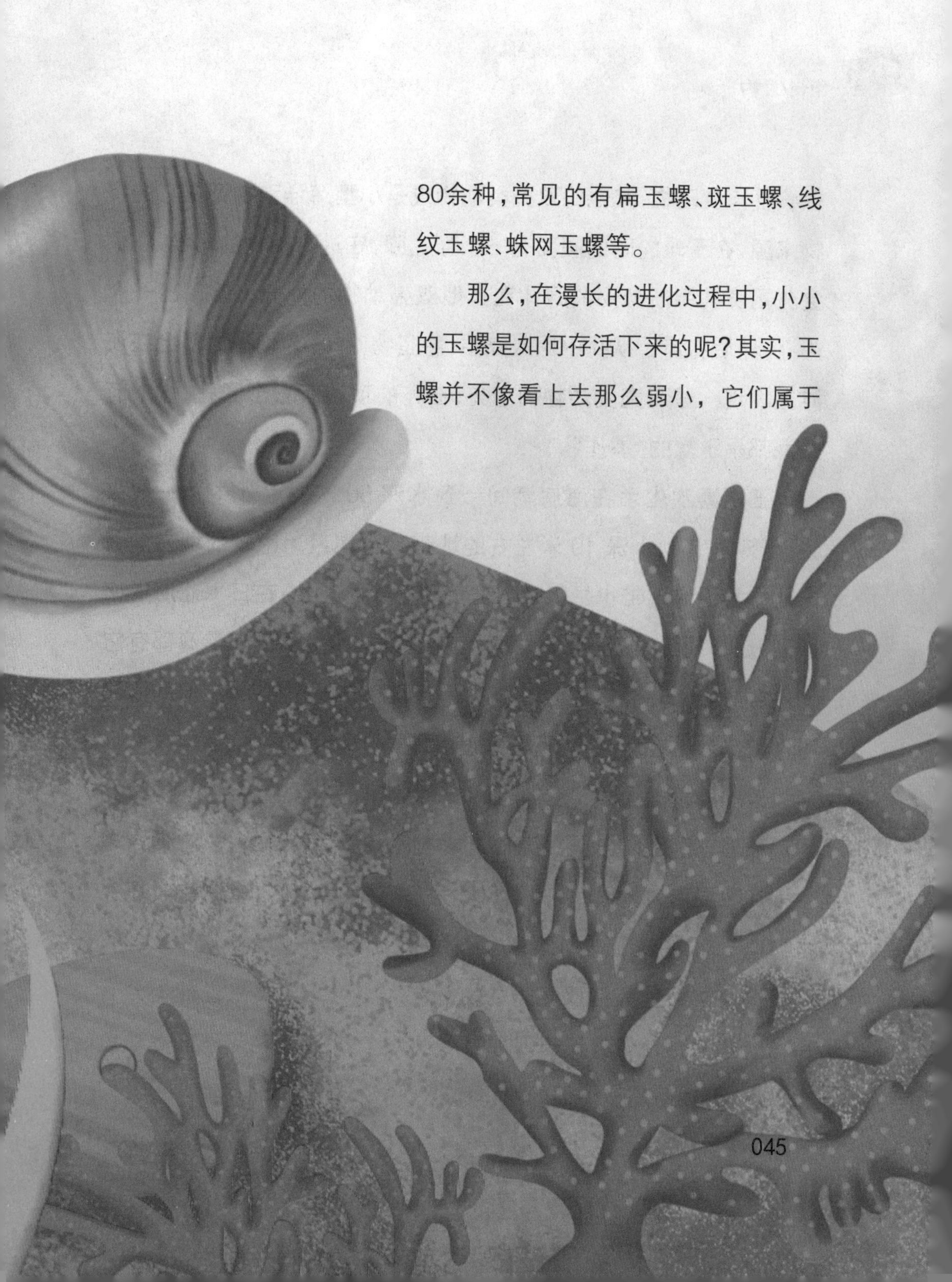

掠食性肉食动物，其他的双壳类动物或是小型海洋动物都是它的食物来源。在玉螺的吻的腹面有一个穿孔腺，在进行捕食的时候，它们会先用穿孔腺所分泌的腺体在其他双壳动物的外壳上溶解出一个小孔，然后将齿舌从孔中探入壳中，将猎物吃掉。人们有时候会在海滩上发现一些双壳类动物的空壳，在壳的顶端有一个圆孔，这十有八九都是玉螺的“杰作”。

玉螺喜欢生活在海底潮间带到水深 50 米的泥沙中，一般来说，低潮间带到水深 10 米左右的地带是玉螺最为密集的地方。我国北方的沿海地带也是玉螺的聚集地。除此之外，在日本北海道南部到九州、朝鲜半岛、菲律宾、澳大利亚以及印度洋的阿曼湾都有它们的身影。每年的八月至九月间，是玉螺的产卵繁殖期。它们的卵群通常和细沙粘在一起，远远看去就像是一个围领。

玉螺的种类很多，我国常见的一种叫做扁玉螺。扁玉螺的贝壳呈扁球形，壳面淡黄褐色，壳顶为紫褐色，基部则为白色。它们大多生活在我国南方地区，以其他贝类为食。除此之外，玉螺的种类还包括方斑玉螺、星光玉螺、欧洲斑玉螺、乳头玉螺等。

玉螺虽然是其他双壳类动物的敌人，对于人类来说却十分有用。它们的肉可以吃，外壳则可以用来制作工艺品。对于一些底栖鱼类来说，玉螺还是一种很好的饵料。

“吞食阳光”的绿叶海蛞蝓

我们都知道，植物需要吸收充足的阳光，通过光合作用来维持生长。可是你知道吗，在海洋中，有一种神奇的动物，它们也是依靠阳光来生存的。这种动物就叫做绿叶海蛞蝓。

绿叶海蛞蝓是一种囊舌类海洋软体动物，属于软体动物腹足纲腹足目。它们主要分布于从加拿大到佛罗里达的沿海海域，体型十分娇小，成年的绿叶海蛞蝓的体长也只不过 1~3 厘米。这种海蛞蝓没有外壳，整个身体都像翡翠一样鲜绿，看上去就像是一片绿色的叶子。它们体表这种魅力十足的颜色在动物界并不多见，归根到底都要归功于存储于它们体内的大量叶绿体，也就是通常只有在植物体内才会存在的进行光合作用的细胞。

其实，绿叶海蛞蝓刚出生时并不是绿色的，而是呈半透明的棕色，身上还有红色的斑点。在生长的过程中，它们会大量进食一种叫做 vaucheria litorea 的藻类，与此同时，身体也会逐渐变为和海藻一样的绿色，并会终身保持这种颜色。在饱餐一顿之后，它们会将吃下去的绿藻中的叶绿体储存在体内，这样一来，它们便可以像植物

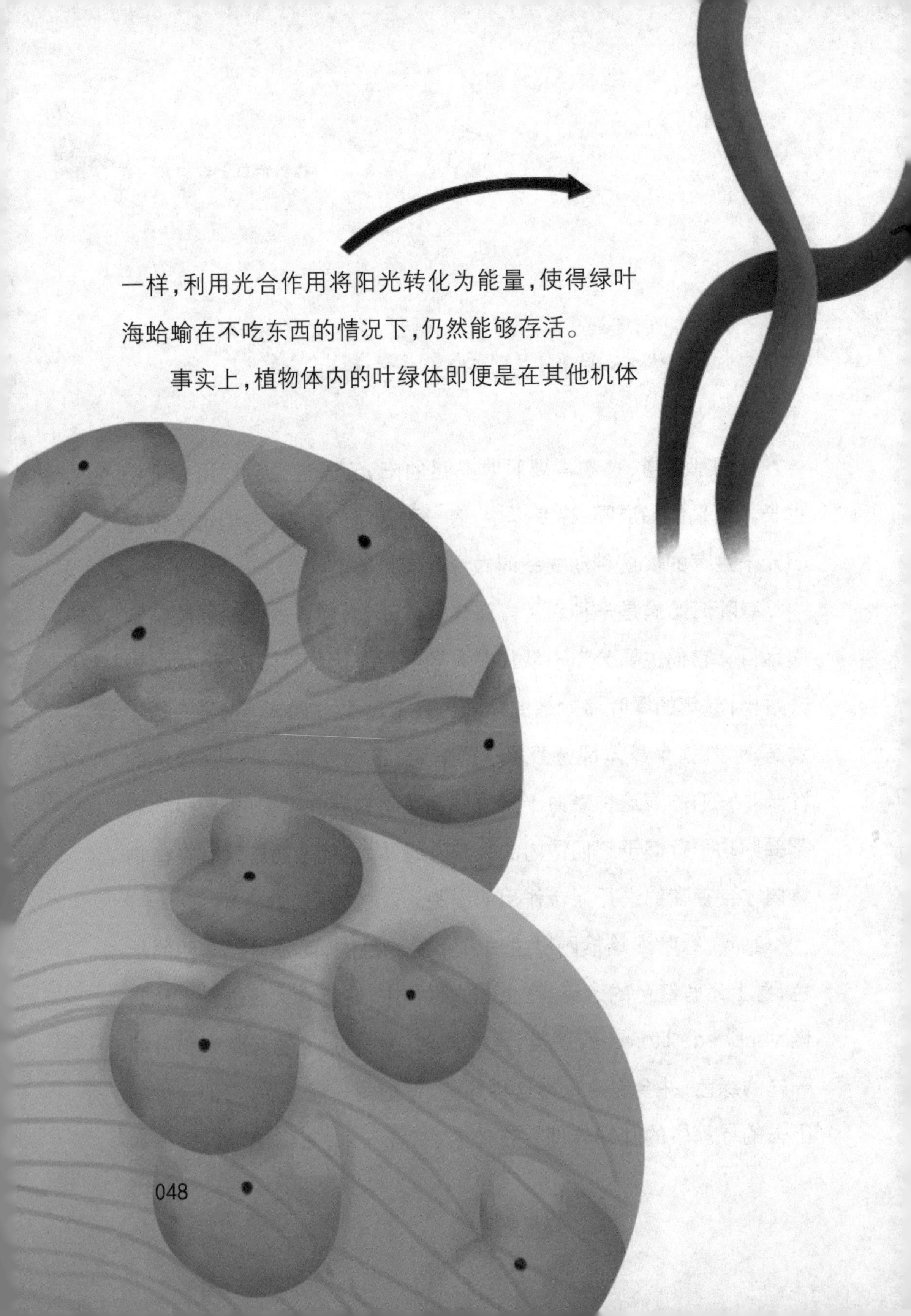

一样，利用光合作用将阳光转化为能量，使得绿叶海蛤蝓在不吃东西的情况下，仍然能够存活。

事实上，植物体内的叶绿体即便是在其他机体

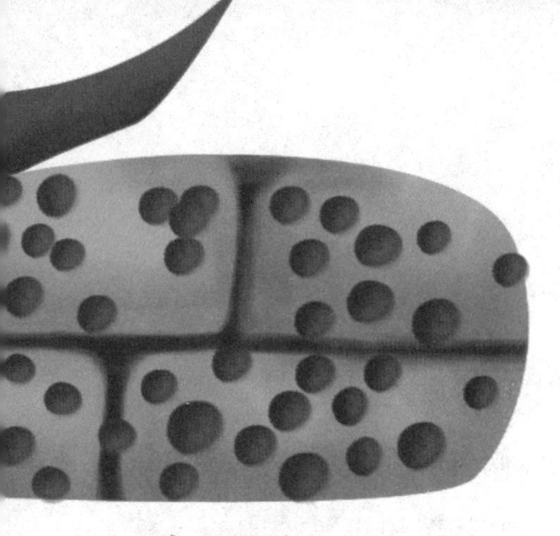

叶绿体

内，也是可以进行光合作用的。但其他动物将海藻食入体内后，体内的消化酶便会将叶绿体破坏掉，但是绿叶蛤蝓却拥有一种保存却不破坏叶绿体细胞的特殊才能。这种海蛤蝓一生仅需要进食一次，此后体内便会充满叶绿体，终生可以完全依赖于阳光而存活。尽管绿叶海蛤蝓的生命周期只有 9~10 个月，但对于它们体内的叶绿体来说，这已经是一个很漫长的时期了。

因为叶绿体就像是需要充电的电池一样，如果绿叶海蛤蝓没能及时地摄取阳光，提供蛋白质给叶绿体进行功能运转，那么最短只需几天就会把能量耗尽，绿叶海蛤蝓也会因此由绿变棕，然后发黄，直至死亡。

一般来说，像绿叶海蛤蝓这样的盗食体质的生物每隔一段时间,会再次吞食海藻以补充自身的叶绿体储备。但是绿叶海蛤蝓却完全不需要,生物学家研究发现,它们体内有着和海藻相同的一种基因,也就是说,绿叶海蛤蝓在摄取了海藻体内的叶绿体之后,自身的基因组织会将海藻体内负责进行光合作用的基因也摄取过来,将其变为自身基因的一部分,并能将这种基因遗传给下一代。在自然界中，像这样的两个不同物种之间横向的基因转移是极为罕见的。绿叶海蛤蝓的这种行为堪称是动物界的壮举,科学家表示,虽然一个物种的 DNA 进入到另一物种的体内是有可能的，但绿叶海蛤蝓究竟是如何成功地实现基因转化的,则仍是一个有待研究的问题。

善用保护色的石鳖

在海边，当潮水退下去之后，岩石上就会出现一种很特殊的动物，它们的颜色几乎和岩石一模一样，形状还有点儿像陆地上的潮虫。这种动物是一种原始类型的贝类，叫做石鳖。它们的体型一般较小，在 2~3 厘米之间，最大的体长 33 厘米，宽 15 厘米，属于软体动物门的多板纲，是海洋浮游生物的重要成员之一。

石鳖的身体背面生长着一组贝壳，由 8 个石灰质壳片组成，呈覆瓦状排列。在贝壳的周围和外套膜的表面，同时还生长着许多细小的鳞片、针骨、角质毛等等，整个背部从外表看去，就像是一个坚实的铠甲，因此别的动物很难去侵犯它。在这个坚实的贝壳下面，藏着石鳖的头和脚。它们的头上既没有眼睛，也没有触角，仅在腹面有一个很大的嘴巴。石鳖的移动速度十分缓慢，主要以水藻为食，踪迹遍布世界各地，尤其是在气候温暖的地区更为密集。石鳖的体型很小，一般只有大约 5 厘米左右。不过在靠近北美的太平洋海岸，有一种大型石鳖，它们的身体可长到 43 厘米长。石鳖都有进化得相当先进的进食工具——舌齿，它们以此来刮下长在石头上的水藻。

但石鳖中有一种十分特殊，它们戴着面纱，不以水藻为食。通常它们会利用自己的面纱做成一个呈45° 角的陷阱，当其他一些海洋小动物，比如说小鱼、小螃蟹等等进入这个陷阱时，石鳖就会立刻将面纱合拢，把猎物罩在里面，然后再用舌齿吞食猎物。

石鳖的眼睛长在背部的贝壳上，因为只有长在这里，它们才能够通过眼睛来感受光线和海水的波动。石鳖的眼睛数量很多，并且按照一定的次序排列的贝壳上，其中大多数是在较为靠前的壳片

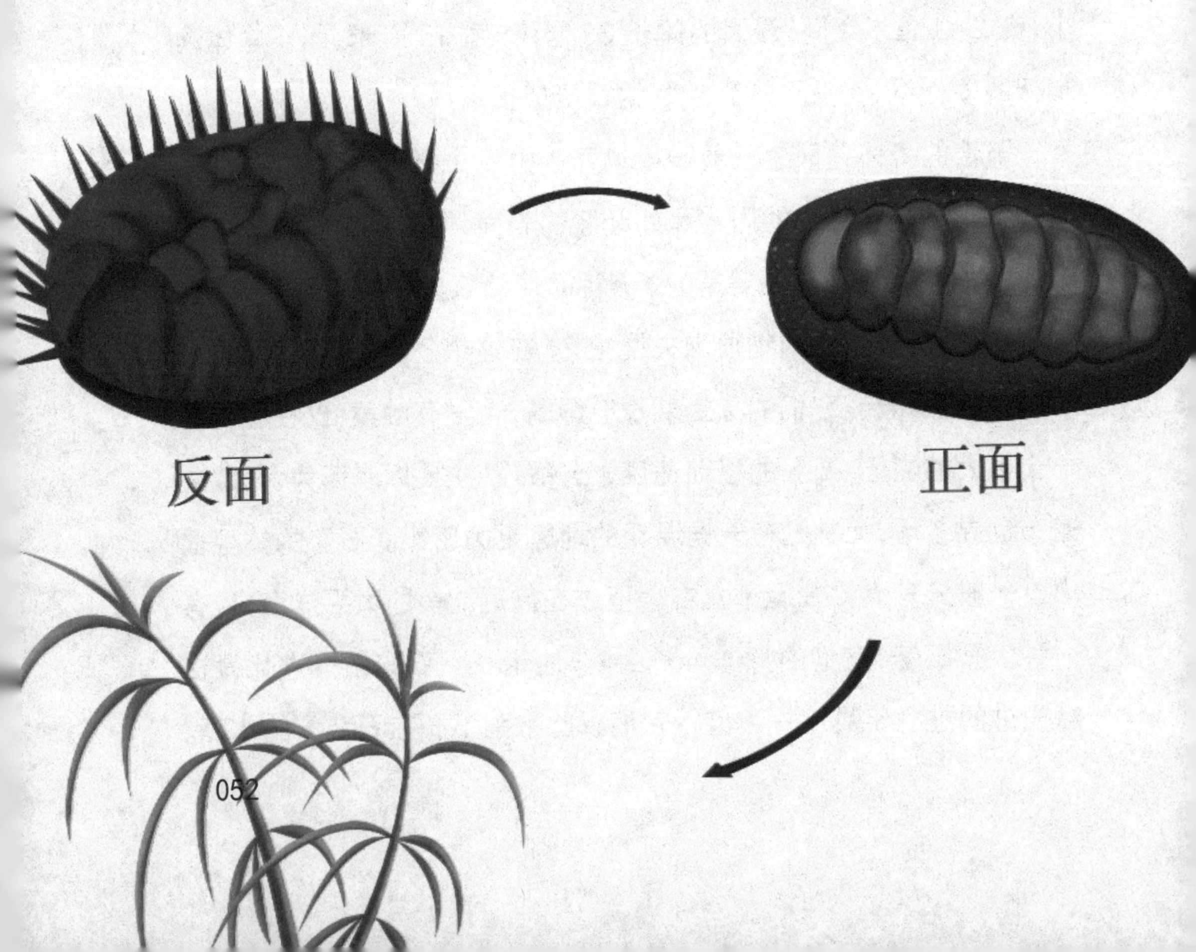

上。它们的眼睛非常小，直径约在 0.06~0.07 毫米。虽然称之为眼睛，却无法看到东西，只能感受到海水的动向。有的石鳖眼中会有角膜、晶体、网膜等结构，却仅能够感受到光线。

石鳖的脚为椭圆形，十分肥大，腹面很平，方便于它们附着在岩石表面或是在岩石上爬行。石鳖爬行的速度很慢，并且多会选择在夜间行动。如果周围的食物充裕，它们可以在一个地方停留相当长的一段时间。

既然石鳖的行动如此缓慢，那么它们是如何躲避自己的天敌的呢?

这全依赖于它们自身所带的保护色。石鳖的种类有很多，不同的种类有着自己独有的颜色，比如说，红条毛肤石鳖多为灰绿色或青灰色，函馆锉石鳖多为圭黄色或暗绿色，朝鲜磷带石鳖为灰黑色，网纹鬃毛石鳖则为灰白色，夹杂有红色、绿色和褐色的斑点。石鳖在选择栖息地的时候，会根据自身的颜色，有的选择附着在海藻上，有的选择附着在岩石上，还有的选择附着在其他生物身上，而它们所选择的附着体，都会和自身的颜色相近，让人难以分辨。

当石鳖附着在岩石上时，如果受到外界袭击，它脚上的肌肉便会收缩起来，使脚部的腹面和岩石之间形成一个真空的环境，再加上所分泌出的黏着物，就会使它们紧紧粘在岩石上。这个时候，外力

就很难把它们取下来了，有时候甚至于把它们的身体弄破也拿不下来。

石鳖是雌雄异体动物，到了繁殖季节，雌雄双方会将卵子和精子排出体外，进行体外受精。不同种类的石鳖，受精卵的孵化状况也不一样：有的是分散在海水中，随海水漂浮；有的是附着在岩石或海藻上面；有的会胶着在一起形成一个长索状的卵带；还有的是在母体的腮叶间进行孵化。

石鳖的幼虫身上长着一圈纤毛，它们可以借助纤毛的摆动而在海里游动。幼虫经过一段时间的发育，就会慢慢长出贝壳，落入海底，找到自己的附着物，逐渐长成为一个新的个体。

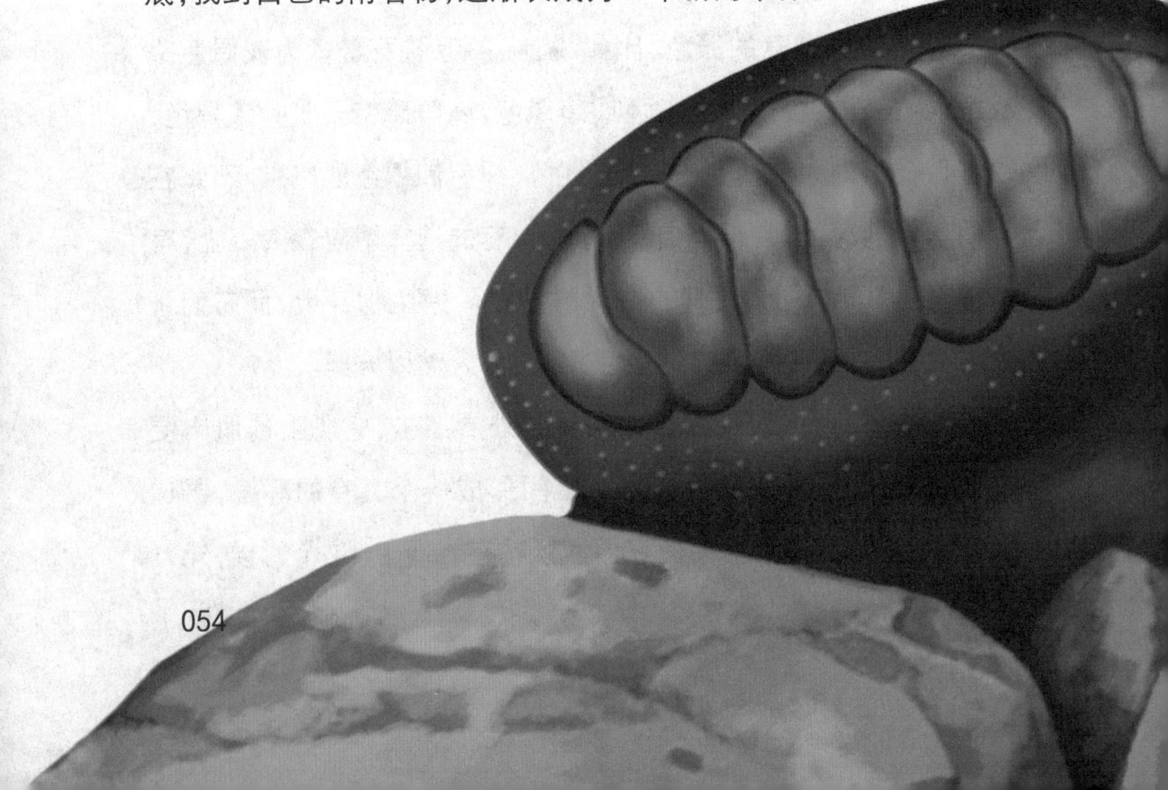

可以凿穿岩石的海笋

海笋是一种海生双生壳类软体动物，身体呈长长的卵形。在它们的外壳中部，有一条从背面到腹面并稍微向后方倾斜的线沟，这条线沟把海笋的贝壳一分为二。前部微微凸出，表面长有明显的齿纹，后部则较为平滑，只长有环形的生长线。

在海笋的身体末端有两个水管，它们除了末端是稍稍分开的外，其余部分都是合并在一起的，因此从外观看，就好像是只有一个水管一样。平时，海笋会将水管伸长至岩洞外，从入水管吸取新鲜的海水和养料，从出水管排出排泄物。在水管的末端，还生有和岩石颜色相似的斑点，这也使得别的动物不容易发现它。

海笋是雌雄异体的动物，繁殖季节根据种类而各有不同。当幼虫孵化后，它们在海里游动一个时期后，就会钻入所遇到的岩石孔隙中去。很多种海笋的幼年个体和成年个体的形状很不一样，乍一看很容易被误认为是两种不同的动物。比如说，吉村马特海笋在幼年时，贝壳稍短，并且两壳在前端的腹面并不闭合，足也露在外面。之后，幼虫的发育进度就会加快，在短期内变为成虫的样子，贝壳会

变得稍长，前端腹面关闭，足也会萎缩。同时在贝壳背面会长出一个梭形的后板，在腹面两壳之间也会长出一个棱形的腹板，将自己完全包被在贝壳里面。

海笋在生长的过程中会不断挖掘岩石，并且随着身体的生长，逐渐深入到岩石中去，而一旦它们钻进岩石中，从此就再也无法从里面出来了。假如幼虫在发育期间一直没有遇到岩石，在经过40多天的游动之后，它们就会停止发育生长，再也无法长成成虫。

那么，小小的海笋是如何钻进岩石中去的呢？钻凿岩石可谓是海笋的一项天赋，但由于这种动物本身就生长在石中，所以很难观测到它的钻凿情形。科学家认为，海笋是通过机械方法，即用足和贝壳来对岩石进行钻磨。以吉村马特海笋为例，幼年时的吉村马特海笋的贝壳前端，腹面并不是封闭的，而是有着锋利的齿状物，并且足也露在外面。而成年的吉村马特海笋的足部则已经萎缩，并被石灰质的薄片包裹起来，贝壳前端的齿状物也和新生的石灰质薄片完全愈合。如果我们把正在岩石中生长的海笋剥离出来，让其生活在一个没有岩石环境的海水中，就会发现由于得不到挖掘岩石的机会，即便是它们的个头并没有达到成年的尺寸，足也会逐渐萎缩，贝壳前端的腹面也随之封闭起来。这些变化足以说明，海笋在幼年时，用足吸附在岩石表面，一边生长，一边旋转贝壳，利用贝壳前端的齿对

岩石进行挖掘，待到成年之后，便停止挖掘，足和贝壳也随之被包裹起来。

这种吉村马特海笋能把防波堤的石头凿成很多很深的洞穴，单单从石头的外表，可以看到许多蜂窝状的洞穴口。如果把这些蜂窝状的石头击开，就能看到被它们挖掘的那些密集的椭圆形洞穴的全貌了。科学家曾在一块长约 30 厘米、厚约 22 厘米、宽约 29 厘米的石块中，找到过 43 个活的海笋，以及 40 个空贝壳。可见，这种生物虽然个头很小，看起来毫无杀伤力，但实则破坏力是很大的。

不过，海笋并不是什么岩石都可以钻进去的。根据观察，沿海的

海笋多出现在石灰岩中，而一些较为坚硬的诸如花岗岩之类的岩石则没有它们的踪迹。另外，还有一些海笋，诸如马特海笋，则会选择木材为家。

此外，海笋体内还含有一种发光蛋白，这种蛋白在遇到人体的白细胞所产生的自由基之后，会发出蓝绿色的光芒。发出的光线越亮，就表示人体的健康状况越差。因此，医学上也可以此来检测人的身体状况。

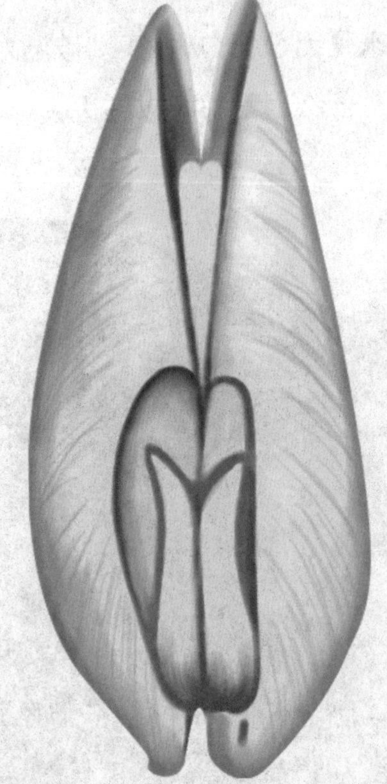

牙尖嘴利的吸血鬼乌贼

吸血鬼乌贼又叫做幽灵蛸，是一种会发光的生物，它们的身上覆盖着一种会发光的器官，可以随时点亮或是熄灭。当它们把发光器官熄灭的时候，别的动物是根本看不见它们的。

吸血鬼乌贼的身长大约是 30 厘米，生活在热带和温带的海洋水下 548~1066 米的深度，颜色为深红或紫红色，身上有 8 只“手臂”和两个鳍状物，形态就像是一个胶冻物，并且还有一个和大狗的眼睛一般大小的蓝眼睛。和其他的乌贼不同，吸血鬼乌贼并没有墨囊，而是在手臂似的触手上生长着一个个尖尖的钉子。在这些触手中间，有两条触手可以变化成能伸展的细状体，可以拉伸到它们自身长度的两倍。在捕猎的时候，它们利用这两条能够任意伸缩的触手，和其他较短的触手合作，将猎物包裹起来。而当它们遇到危险的时候，就会把所有的触手都翻起来包裹在身上，形成一个带钉子的保护网，让敌人无机可乘。

吸血鬼乌贼游动的速度非常快，最快的时候每秒可以达到两个身长，而这个速度只需要在它开始游动 5 秒后就能达到。如果遭到

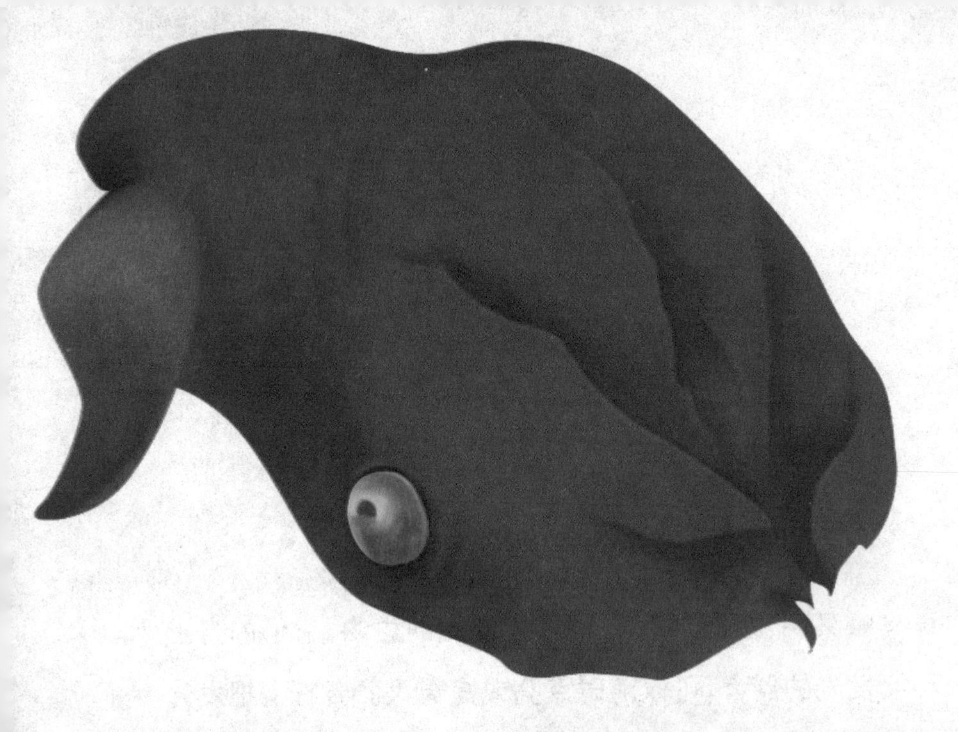

敌人的追赶，它们还会在逃跑的过程中连续几个急转弯来甩开敌人。它们的鳍则可以像海龟那样划水，来辅助它们的游泳。

吸血鬼乌贼既不同于乌贼也不同于章鱼，是乌贼和章鱼的祖先。根据目前所发现的化石，吸血鬼乌贼的历史可以追溯到距今8000多万年前的白垩纪。当时的吸血鬼乌贼身长约为现在的3倍以上，它们起初生活在浅海区域，白垩纪时期的蛇颈龙时常到浅海去觅食，没有硬壳保护的吸血鬼乌贼很容易便成为蛇颈龙的食物。为了生存，它们逐渐向深海区域迁徙，并适应了深海的生存环境。在此后几千万年的进化过程中，它们的外形并没有改变，但生理结构却因为深海的缺氧环境而发生了改变。吸血鬼乌贼身上有一条伸长后约有1米的白色丝，并且体内有一种特殊的色素，可以使它们的血液中氧气的含量是同类的5倍。其实在深海中，90%的动物都会自然发光，这是深海动物赖以生存的法宝。当这些会发光的生物遇到危险时，就会将发光器官突然打开，吓走敌人。不过，吸血鬼乌贼的发光器官则更为特别一些。它们的发光器官就像是一只眼睛，在遇到天敌鲨鱼的时候，它们会立刻用带刺的触手包裹自己，同时将

发光器官打开，并逐渐缩小发光的力度，造成自己已经逃远的假象。正是这样特殊的适应能力，才使得吸血鬼乌贼在其他同时期物种相继灭绝的情况下，一直存活至今。

不过，科学家发现，尽管吸血鬼乌贼模样吓人，却名不副实。它们并不会去吸血，反而吸食深海中的垃圾。吸血鬼乌贼会分泌出又长又细的卷丝，这种卷丝能捕获包括死去的甲壳动物、幼虫、卵等尸体产生的海洋碎屑。当这些海洋碎屑下落时，吸血鬼乌贼所分泌的细丝上的黏性体毛结构就会将其捕获，并将碎屑拉拢过来刷在触手上，它们的触手就会使用黏液把这些碎屑粘合在一起送入口中。因此，吸血乌贼虽然名为吸血鬼，其实是海洋的垃圾清洁工。

“不可思议之海”的荧光乌贼

荧光乌贼是海洋中一种神奇的发光生物，它们可以利用自身的生物光对自己进行伪装。它们通常只有 7 厘米长，在外套膜、头、眼、腕等部位长有复杂的表皮发光器和眼球发光器，尤其是位于眼部和下腹空腔处的发光器最为明亮。这些器官之所以会发光，主要是依靠自身所合成的放射性复合物，加上氧气、镁离子和荧光酶的作用，发出炫目的冷光蓝。它不但是利用生物光对自己进行伪装的海底生物，还是头足类动物中唯一被证实具有彩色视觉的生物。

荧光乌贼最为密集的地方要属日本的富山湾，这片海域每年 3 月左右，都会被一片奇异的蓝光所覆盖，这片蓝光就是荧光乌贼发出的。富山湾的深层水域富含各种矿物质和有机物，因而吸引了大量的海洋生物在此聚集，而荧光乌贼自然会选择此地栖息，利用其会发光的触手捕食猎物。

富山湾位于日本北陆地方东北部，为日本本州岛最大的外洋性内湾，附近还有海市蜃楼。海湾内绝大部分的水深在 300 米以上，最深的地方达到了 1000 米，面积则为2120平方千米，被人们称之为“不可思议之海”。

在不可思议之海下面三四百米深的海沟中，栖息着大量的荧光乌贼，它们大部分时间都生活在深深的海底，只有在产卵的时候才会浮到水面。每年 3~6 月间是荧光乌贼的产卵季节，雌性乌贼在深海中和雄性乌贼交配后就会浮上海面产卵。它们的产卵器位于眼部下方，呈漏斗状，从身体空腔内一直伸到外部，而后通过身体脉动式的推挤将卵颗粒从漏斗管中喷出。受精卵一经排出体外，便会结成

黏状的线条，长度可绵延至 1 米。一只雌性荧光乌贼每次可产下近 1 万颗卵，产卵完毕就会死亡。在产卵季节，有时会有上百万只荧光乌贼聚集在一起，能把整个海湾都照亮。过往的渔船也常常会在收网的时候，把渔船也染成了荧光闪闪的蓝色，十分耀眼。

富山湾的底部还有一个 V 字形的海底山谷，因而洋流在流经那里的时候，经常会由下向上翻涌，同时会把位于海底的荧光乌贼推上海面，形成一道奇观。每年的 3~5 月份，海面都会因为它们而变得荧光闪闪，荧光乌贼也因此被称之为“富山县的奥秘”，也是世界自然遗产之一，每年都吸引着成千上万的游客前来观赏。

粘住敌人嘴巴的香蕉蛞蝓

香蕉蛞蝓是热带雨林区特有的一种动物，多分布于圣特克鲁斯的加利福尼亚海岸地区。它们的体长约 60 厘米，是世界上第二大蛞蝓，因为身体呈现出黄色，外套膜呈乳白色，远远看去形似一根香蕉，故而得名。不过，也有的个体身上会出现黑色的斑点，偶尔也会有绿色、棕色或是白色的变异个体。香蕉蛞蝓多分布于北美洲太平洋海岸的雨林地带，范围从阿拉斯加东南部至加利福尼亚州中部的旧金山湾区南部。

香蕉蛞蝓属于陆生软体动物，以树叶、枯死的植物以及动物的粪便为食。由于体形笨重，它们的移动速度很慢，每分钟只能爬 16.5 厘米。香蕉蛞蝓用肺呼吸，它们的呼吸孔位于背部，呼吸孔周围的皮肤下面，密密麻麻地分布着血管，用来呼吸和过滤空气用。

香蕉蛞蝓的头上长有两根触须，这两个触须相当于它们的眼睛，只不过这对眼睛不是用来看的，而是用来探查和交流的，同时还能用来感觉光源和周围经过的物体。在两根触须下面，还有两根很短的小触须，这对小触须是用来探测化学成分的，它们会自行触摸

从而躲避前方的障碍物。

香蕉蛞蝓的食性很复杂，一般来说，树根、果实、种子、球茎、地衣、藻类、真菌、动物排泄物，甚至尸体都是它们的食物，并且在吃下这些东西之后，它们还会“回收”里面的土壤腐殖质。其中蘑菇之类的菌类是香蕉蛞蝓最偏爱的食物，在吃掉这些菌类的同时，它们还有助于帮助种子和孢子的传播。除此之外，它们的粪便还是非常有价值的氨气肥料，对于生态系统来说，是很重要的一种成分。

对于没有外壳的软体动物来说，由于没有外壳保护，它们面临的生存危险更大，比如说在盐类环境或是干旱环境里，它们更易受到伤害。不过对于香蕉蛞蝓来说，则比其他种类多了一分优势，那就是它们自身所分泌的黏液。当周围环境过于干旱的时候，它们便会主动分泌出黏液，把自己的身体包裹起来，用以抵挡炎热的天气、，并会钻进泥土中进行夏眠，直到环境再次变得湿润才会出来。而在它们遇到危险时，身体也会分泌大量黏液，由于这种黏液具有很大的黏性，所以会将那些把它吞入口中的敌人的嘴巴牢牢粘住，这样就会使得一些敌人对它们产生恐惧，敬而远之。然而对于香蕉蛞蝓的天敌浣熊、王蛇、鸡、鸭、鹅、蝾螈来说，它们在捕到蛞蝓的时候，会事先将其在泥土里翻滚一番，等到蛞蝓身上的黏液被泥土裹住之后再食用。

香蕉蛞蝓是雌雄同体动物，可以在全年任何时间进行交配和产卵。不过，它们的繁殖条件十分苛刻，必须要找到体形相当，并且生殖器官大小也差不多的配偶才会进行交配，交配时间长达 12 个小时。之后会产下约 75 粒半透明的卵并将其藏在树叶后等隐蔽的地方。当大蛞蝓确定这些卵没有危险时，便不再去管它们，任其自行孵化。小蛞蝓有着很强的生存能力，一般孵化后就可以独立觅食生存下去了。

最耐高温的庞贝蠕虫

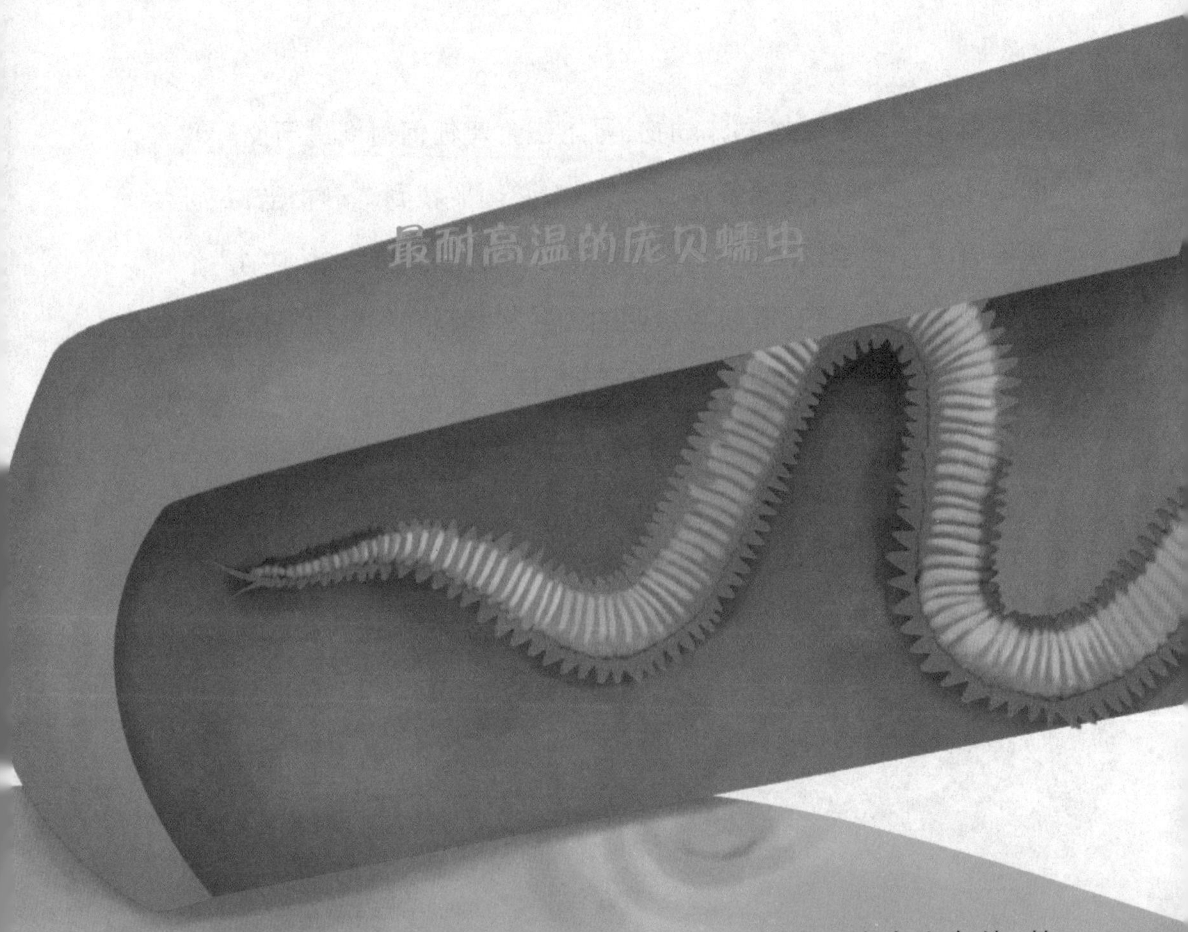

在所有的生物中，除了原始细菌能在恶劣的环境中生存外，其他生命对于其生存环境都相当挑剔。不过，科学家近来发现了一种软体动物，能耐受近 100℃的高温而存活。

东太平洋的海底有一条长长的地壳活动带，那里分布着许多海底热泉，一些热泉在喷出地面时会在出口形成一个个烟囱状的石管。而这些石管里面的液体，温度常常超过 100℃。然而就在这样的

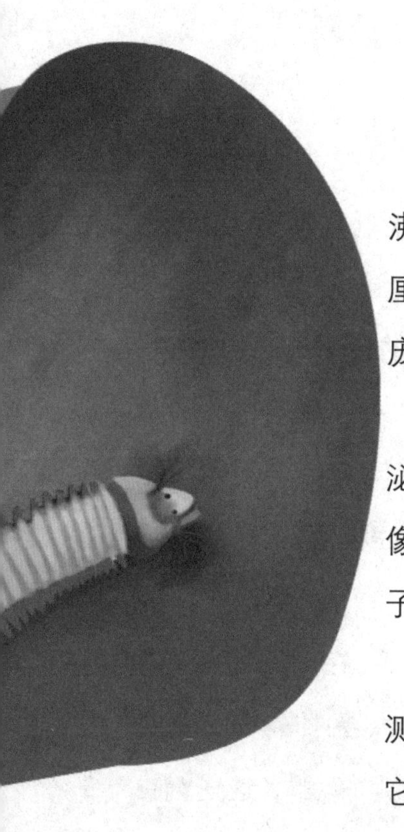

沸水环境中，石管的内壁上生存着一种 10~15 厘米长，浑身毛茸茸的生物，这种软体动物就是庞贝蠕虫。

庞贝蠕虫又叫做刚毛虫，它们会用自身的分泌物在石管的管壁上筑起一条细长的管子，然后像珊瑚虫一样蛰居在里面。它们有时候也会从管子中爬出，在四周游荡一阵子。

科学家曾对庞贝蠕虫附近的水域温度进行测量，发现温度竟高达 105℃。起初，科学家认为它们本身也许拥有一种特殊的隔热本领，能够将自己和高温环境隔离开来，就像是消防员的消防服或是宇航员的宇航服那样能够保护身体免受高温和真空的伤害。可是在对庞贝蠕虫进行研究后发现，它们并没有这种天生的防护本领。

于是科学家又推测可能是地下热泉喷出时，是直冲上方的，并没有对周围水域造成太大影响，就像是冬季的火炉一样，距离烟囱远一点，温度就会低一些，因此庞贝蠕虫所生存的环境也许并没有那么高的温度。

但是，科学家随后对庞贝蠕虫筑造的管子进行了研究，并用一根特制的温度计伸进去进行温度测量，结果发现管子里的最高温度达到了 81℃。由此可见，庞贝蠕虫是名副其实的最耐高温的动物。

在此之前，地球上公认的最耐热的动物是生存在撒哈拉大沙漠的一种蚂蚁，它们可以耐受 55℃的高温。因此，科学家曾经定下结论，生物体细胞中的膜状结构，比如说细胞核和线粒体，很难承受外界温度的骤变，耐受高温的临界点为 55℃。

然而，庞贝蠕虫的发现，彻底打破了这一结论。在庞贝蠕虫生存的水域中，人们发现这里还含有硫化物，以及铅、镉、锌、铜等重金属，高温加上化学成分的毒性，足以使许多动物毙命。那么这些蠕虫是如何排除毒素，又是如何觅食的呢?

其实，庞贝蠕虫和珊瑚虫一样，是一种共栖动物。在它们的背部，依附着一种丝状细菌，这种细菌在庞贝蠕虫的背部形成厚厚的一层保护膜，从而排除掉那些有害物质。同时，蠕虫为细菌提供生存的培养基，并不断更新周围的水，而细菌的分泌物也成为蠕虫赖以为生的食物。有的时候，庞贝蠕虫也会离开居住的管子，游到附近水温较低的水域觅食。

它们承受如此高温的能力，是动物界绝无仅有的，可谓是耐高温动物中的记录保持者。

唯一带有毒性的火焰乌贼

火焰乌贼属头足纲蛸亚纲，又叫做火焰墨鱼或是火焰鱿鱼，它们大多生活在印尼、新几内亚、马来西亚与澳大利亚北部热带海域。

火焰乌贼长着椭圆形的外套膜，臂腕呈刀锋形，粗短而又扁平，每个臂腕上都分布着四排吸盘。其中第一对腕足相对于其他的来说，要稍微短一些。在它们的左腹侧有一个较大的腕足，是用来繁殖的生殖腕，腕上面有用来传递生殖细胞的深沟。而在外套膜的背侧和腹侧表面，以及头部和眼部上方均有许多突起的鳍状物，这些鳍是帮助火焰乌贼在海底前行的工具。

值得一提的是，在乌贼种类里，火焰乌贼是唯一一个能够用鳍和腕足在海床上行走的动物。

火焰乌贼的体形大约在 6 厘米以下，目前所发现的最大的体形约在 8 厘米左右。火焰乌贼的骨头很小，只占外套膜长度的 2/3 左右，从外观上看，是一个斜长方形形状，两端削尖，中间微微鼓起，带有微黄的色泽。

和其他乌贼不一样，火焰乌贼的外套膜上并没有因乌贼骨突出

而形成的锥。由于它们的骨头较小，因此火焰乌贼是无法长时间在水中游泳的。

大部分的火焰乌贼分布在西澳大利亚州的曼都拉、昆士兰州以北到新几内亚南部的阿拉弗拉海域，以及印度尼西亚的苏拉威西岛、摩鹿加群岛海域和马来西亚的马宝岛、诗巴丹岛海域。火焰乌贼一般栖息在海底的泥沙里，距离海面约 3~86 米，以鱼类和甲壳类动物为食。

平时，火焰乌贼会以接近腹部的一对触手在海床上移动，用表面的色素细胞对自己进行伪装。一旦遭到袭击，它们的体表、触手和头部就会快速闪烁出黑色、深褐色、白色和黄色的斑纹。而火焰乌贼在攻击对手时，触手前端则会呈现出明亮的红色。

火焰乌贼鲜艳的体表颜色同时也预示着它们的毒性，根据科学家对其的毒理学研究，证实火焰乌贼的肌肉组织具有强烈的毒性，小小的一只火焰乌贼就足可以使一个成年人毙命。

火焰乌贼是乌贼类里面唯一具有毒性的动物，也是三种具有毒性的头足纲动物之一。

科学家表示，火焰乌贼体内的毒性类似另一种头足纲动物蓝环章鱼。蓝环章鱼是已知生物中唯一除河豚外能产生河豚毒素的生物，毒素对中枢神经和神经末稍有麻痹作用，其毒性比氰化钠还要大 1000 倍，0.5 毫克的河豚毒素便可以致人中毒死亡。而且毒素毒性稳定，加热和盐腌均不能使其破坏。

深海巨怪——大王乌贼

一提到乌贼，很多的人印象还停留在一种放烟雾弹逃跑的小家伙身上。乌贼的长度一般都在10~20厘米，大一点儿的也只就是30厘米左右。但有的乌贼可以长得很大，比如大王乌贼的身体居然可以长达20多米，其长度堪比巨鲸。

大王乌贼属头足纲蛸亚纲管鱿目鱿鱼亚目大王乌贼科巨乌贼属，是一种生活在深海的软体动物。大王乌贼又叫大王鱿鱼、统治者乌贼等。这些称号显然与大王乌贼的身体庞大有关。大王乌贼是世界上体型最大的无脊椎动物之一，其体长在6~20米之间，重量在2000~3000千克。这么大的乌贼，它们的眼睛也大得惊人，直径居然能够达到35厘米左右，它的吸盘直径也在8厘米以上。

大王乌贼主要生活在北大西洋和北太平洋的深海水域之中，以各种鱼类和无脊椎动物为食。大王乌贼白天会呆在深海水域休息，夜晚则游到浅海处活动和捕食。

别看大王乌贼属于软体动物，却是一个强者。在一些航海员和水手看来，它就是传说之中的深海巨怪——它能对其他深海中的巨

大生物发起攻击，甚至对航行在海域的轮船也能造成破坏。

那么它发起攻击依靠的是什么武器呢?据科学家研究，其一是，大王乌贼的身上长有巨大的腕，上面布满了圆形的吸盘，在每个吸盘的边缘还有一圈小型锯齿，正是依靠这些巨大吸盘的吸力，它才善于攻击与捕食；其二是，大王乌贼的游速非常快，凡是被大王乌贼盯上的猎物，很难逃脱它的追捕。正是因为有以上两种“武器”，它才有了更强的攻击力和自卫能力。

世界上最毒的章鱼——蓝环章鱼

蓝环章鱼是章鱼科蓝环章鱼属的一种小型章鱼，体长约20厘米。它主要生活在澳大利亚新南威尔士海域。

蓝环章鱼昼伏夜出，白天，喜欢躲藏在水中的石头缝隙里睡觉，夜晚会悄悄地溜出来觅食或活动。它的主要食物包括一些小型虾类、蟹类以及一些鱼类。

蓝环章鱼体型虽小，却深藏剧毒，目前已知，它与澳大利亚箱形水母并称两大最毒的海洋生物。理论上讲，它的毒液能在数分钟内致人于非命。据生物学家研究得知，它的体内含有多种毒素，包括河豚毒素、透明质酸酶、胺基对乙酚、组织胺、色胺酸、羟苯乙醇胺、牛磺酸、乙酰胆碱和多巴胺等。其中最毒的莫过于河豚毒素。

河豚毒素主要对中枢神经和神经末稍具有麻痹作用，并且会阻断肌肉的钠通道（钠通道是分布于可兴奋性细胞膜上的一种重要的阳离子通道，其开放控制着动作电位的去极化相，并积极参与了细胞的兴奋、收缩、分泌和突触传递等高度有序的特异性功能），使肌肉瘫痪，并导致呼吸停止或心跳停止。截至目前，医学上还没有药物可以破解这种毒素。

蓝环章鱼的毒液就藏在它的唾液腺里面。然而奇怪的是，这种毒素并非蓝环章鱼自身分泌的，而是由病毒粒子引起的。由于病毒粒子不能独立生存，它就寄生在章鱼的唾液腺中，当蓝环章鱼对其他生物发动攻击时，这些病毒粒子会趁机钻入到其他生物体内，并发挥毒性作用。

蓝环章鱼的外表非常漂亮，长着黄褐色的皮肤，上边还点缀着很多鲜艳的蓝环，也正是因为如此，人们才给它取名为蓝环章鱼。这些蓝色环也给予了蓝环章鱼自卫的功能。当蓝环章鱼受到威胁，它们身上的蓝色环就会闪闪发光，对于其他动物是一种警告：别靠近我，我有毒素。

蓝环章鱼的皮肤内含有色素颗粒的细胞，可以改变身体的颜色，这同变色龙变色是一样的。在不同的环境中，它可以通过色素颗粒细胞改变身体的颜色，以使得和周围的环境相似，进而起到一种保护作用。在生物学上这叫拟色或保护色。

除了这些特殊的本领之外，蓝环章鱼还有一个十分尖锐的嘴巴，这也为它攻击其他猎物并释放毒液提供了便利。

蜗牛的武器——坚硬的铠甲

我们常常形容一个人办事拖拉就像“蜗牛”一样。这正道出了蜗牛的特性。蜗牛这种软体动物，既没有强壮的身体，也没有非常快的爬行速度，它是如何保护自己的呢？原来，在它们的身上背着一个壳，这不但是它们的栖身之所，也是它们躲避敌害、自我保护的一种方式。

在大自然界当中，蜗牛的敌人是非常多的，像乌龟、蟾蜍和刺猬等等。当蜗牛遇到这些天敌的时候，它就会将身体快速地缩到自己的壳当中去。而像乌龟、刺猬这些动物要食用的只是蜗牛的肉，它们对这个跟石头一样坚硬的外壳是没有任何食欲的，因此蜗牛就可以躲过一劫。

除了天敌对蜗牛的生命是一种威胁，自然环境不好的话对蜗牛也会是一种威胁。

蜗牛属于喜欢在潮湿环境中生活的动物，当天气干燥的时候，蜗牛就会躲进壳中睡大觉。进入寒冷的冬季时，蜗牛也会钻进它的贝壳内，进入休眠期。

更让人惊奇的是，休眠期时，蜗牛还能分泌出一种黏液将自己的壳口封住，以免在其休眠而无防备的情况下，其他动物趁虚而入。

乌贼的墨汁炸弹

在很多武侠片当中都会出现这样的场景：当两个人在对打的时候，一方知道自己不是敌方的对手，就会掏出一个粉雾状东西让对手睁不开眼睛，然后自己趁乱逃走。

其实人类掩护逃生的技巧，大都是从动物的本能中学来的，乌贼就位列其中。乌贼是以释放墨雾来保护自己逃生的。

乌贼属软体动物门头足纲乌贼目。它又叫乌鲗、花枝、墨斗鱼或墨鱼。乌贼与章鱼、枪乌贼是近亲。章鱼和枪乌贼也能喷墨。

在众多的软体动物中，头足纲的软体动物身上是没有贝壳的。像乌贼这样的软体动物，它们的身体虽然很软，但是并没有像蜗牛或贝类身上的贝壳，它们要想保护自己，就得想其他的办法。

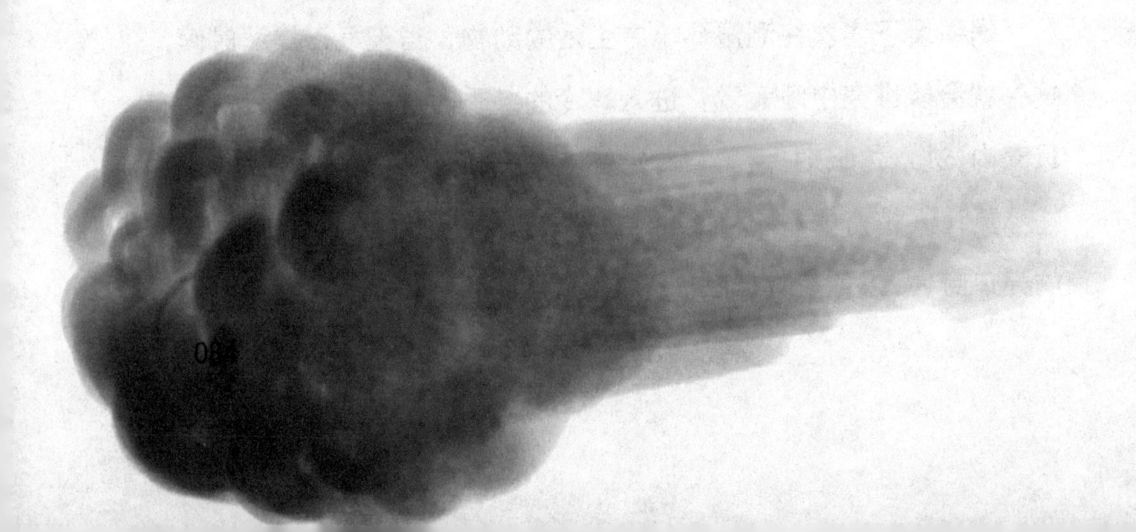

在乌贼的直肠末端接近肛门的地方有个细细的导管，这根导管的另一端连接着一个小小的囊腔，这个囊腔的形状有点儿像我们平常见到的鸭梨。千万不要小看这个小小的囊腔，它对乌贼来说可是非常重要的。在这个小囊腔当中，它的囊腺是可以分泌出墨汁来的，所以这个囊腔又被称为墨囊。

在一般情况下，乌贼们是不会喷射墨汁的，它们会以游泳的方式逃跑。可是，如果当一些比较凶猛的动物向它们袭来的时候，乌贼

就会将墨囊里的墨汁喷出来。而此时乌贼周围的海水就会被这些墨汁染成一片黑色，乌贼就会在这黑色烟幕的掩护下以最快的速度逃走。同时，乌贼分泌的墨汁里边还含有一定的毒素，对其他动物都有麻痹的作用。这样一来，乌贼就更安全了。

除了放烟雾弹逃生，乌贼还可以根据周围的环境，迅速转变自身的颜色，在它的身上拥有上百万个红、黄、蓝、黑等色素细胞，且可转化的颜色种类非常多。不仅如此，它的反应速度极其灵敏，可以在瞬间调整色素囊而改变颜色，以便适应环境，逃避敌害。

章鱼的十八般武艺

章鱼除喷墨汁逃生以外，还有其他方法来保护自己，比如用拟态或两足“走路”逃生。

首先说拟态。拟态是指一种生物模拟另一种生物或模拟环境中的其他物体从而获得好处的现象。比如在昆虫类的动物中有一种叫尺蠖的小昆虫，它们的身体无论是从形态上还是从颜色上都跟它们栖息的小树枝十分相像，这样一来喜欢啄食它们的鸟类就很难发现它们的踪迹了。

章鱼也会利用拟态的方式来保护自己。当章鱼处在一堆乱石之中的时候，它的身体就能够快速地变得像一块身上满是藻类的石头；当它们在珊瑚礁或石缝中穿行的时候，又能将自己变得像一束美丽的珊瑚。除此以外，章鱼还能够将自己伪装成一些有毒的鱼类，比如狮子鱼等。

章鱼除了用拟态的方法来保护自己以外，科学家还发现，有些高智商的章鱼竟然还会利用两足“走路”的方式来逃生。美国加州大学柏克莱分校的科学家克里斯汀·赫法德在印度洋记录章鱼移动的

影片中发现，有些章鱼竟然能够用两只足“走”在海床上，这跟我们人类走路非常相似。

在印度尼西亚的热带海域，有一种名叫玛京内斯特的章鱼。这种章鱼的体型不大，跟苹果的大小差不多。当玛京内斯特章鱼遇到危险的时候，它们就会将自己多余的足向上弯曲并折叠起来，只剩下两只足偷偷地以倒退跨步走的方式逃离敌人的视线。

为什么章鱼会选择这种方式来逃走呢？据科学家分析，玛京内斯特章鱼用两只足行走要比用八只足行走快得多，所以它们会选用这种办法迅速逃离强敌。

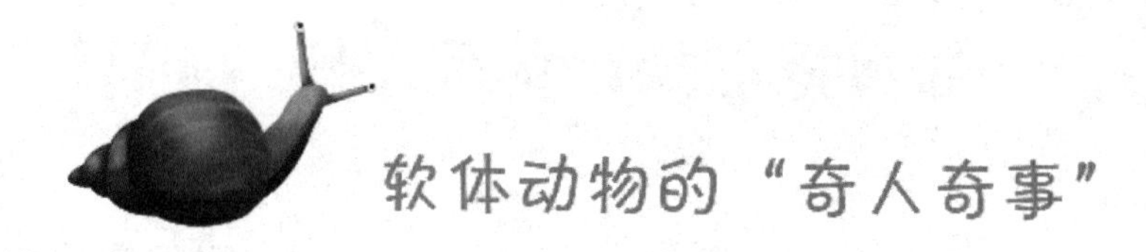

软体动物的“奇人奇事”

关键词：凤尾螺、非洲蜗牛、海兔、虎斑宝贝、福寿螺、冰海天使、蛤蜊、鹦鹉螺、骨螺、蜗牛、河蚌

导　读：软体动物的世界，也有很多奇怪、趣味的事情，它们的行为既反常有趣，当然，这也是自然进化的一种结果。

如凤尾般绚烂的凤尾螺

凤尾螺是腹足纲的一种海螺。它的别名叫法螺。凤尾螺的种类很多，通常根据其个体形态、色彩等，分成大法螺、角法螺、毛法螺、褐法螺、扭法螺等五大种类。

凤尾螺主要分布在印度洋、新西兰、菲律宾、日本和中国等暖海水域，我国的台湾、海南岛、西沙群岛等沿海潮间带至 150 米深的海底是凤尾螺的聚集区。

凤尾螺主要栖息在珊瑚礁或者海藻比较丰富的地带，过着悠闲

自在的生活，它的主要食物包括海参和水螅等。

凤尾螺的贝壳呈圆锥形或喇叭形，后端尖细，前端扩展，并且它的螺塔又尖又高约10余层，高度几乎相当于它们总壳长的一半。

由于它的形状别致、美丽，因此，它与唐冠螺、万宝螺和鹦鹉螺并称为世界的四大名螺。

凤尾螺的贝壳的颜色是乳白色的，在这乳白色的底色上点缀着深褐色的斑纹和新月斑纹，这些美丽的花纹将凤尾螺点缀得就像凤凰尾巴上的颜色一样色彩绚烂，因此，人们才给它们起了一个这样好听的名字——凤尾螺。

凤尾螺美丽的外表，不仅像凤尾，更像一幅意境优美的山水画。让人意想不到的是，这些美丽的花纹竟然是凤尾螺身上那些积垢所致。由于凤尾螺常年喜欢生活在珊瑚礁下，所以身上的尘垢比较多，这些尘垢经过常年累月的积累，看上去就像一幅意境幽美的山水国画。因此又会有人将凤尾螺称为山水螺。

凤尾螺美丽的外表不仅给人视觉上的冲击，还会给人们以丰富的联想和精神的寄托。在人们看来，凤尾螺独特的外观是一种力量的象征，因为很多人都将凤尾螺视为一种神物，并且认为它们有神奇的法力能够驱魔辟邪、保佑亲人的平安。因此，古人将其作为神物，供奉在一些寺院和庙庵中。

雌雄同体异体交配的非洲蜗牛

非洲蜗牛，又名褐云玛瑙螺，是腹足纲肺螺亚纲柄眼目玛瑙螺科的一种陆生软体动物。它原产于非洲的东部沿海地区，后渐渐分布亚洲、太平洋、印度洋和美洲等地。

19 世纪的 30 年代，非洲蜗牛传入我国，目前在云南、广东、广西、福建、海南、台湾地区都有广泛分布。

和其他种类的蜗牛一样，非洲蜗牛惧怕阳光，喜欢生活在阴凉、潮湿的地方。在阴雨天或者夜晚，它常常跑出来活动与觅食。如果光照强烈或干旱天气，它会寻找比较阴凉的地方躲藏起来。它的休眠期会随外部不利因素而调整，甚至长达几年，它可以不吃不喝地生存下来。由此可见其超强的生命力。

非洲蜗牛属杂食性动物，幼螺以腐殖性食物为主，成螺主要以植物的幼芽、嫩枝、嫩叶、树茎表皮为食，并且食量很大。

非洲蜗牛雌雄同体，通过异体交配的方式繁殖后代。其生长速度比较快，幼螺生长到 5 个月时间，便可繁殖后代。而且它的繁殖能力也大得惊人，一次产卵数达 100～400 枚。

西班牙舞娘——海兔

海兔又叫做海蛞蝓，属海兔软体动物门腹足纲无盾目，是海兔科动物的统称。它们与常见的腹足类动物，如田螺、蜗牛等不同，它们没有石灰质的外壳，只有一层薄而半透明的角质膜覆盖着身体。因为它们的贝壳已经退化成为内壳，在背部有透明的薄薄的壳皮，呈现出白色的珍珠光泽。海兔的体型较小，一般体长为 10 厘米左右，重约 130 克，为雌雄同体动物。从外表看去，它们的体型呈卵圆形，在运动的时候身体会变形。

海兔并不是兔子，体表也没有皮毛，之所以被人们称之为海兔，是因为在它们的头上耸立着两对触角，一前一后，其中后面的触角要稍微长一些，当它们静止不动时，这对触角就会并拢并笔直朝上，就像是一只竖着大耳朵的小兔子，因而得名，日本人则称它为“雨虎”。实际上，这两对触角是海兔的嗅觉和触觉器官。其中前面那一对稍

短的负责触觉，后面那对稍长的则负责嗅觉。当海兔在海底爬行的时候，后面的那对触角就会分开成为八字形，向前斜伸着刺探四周的气味。

海兔喜欢栖息在海水清澈、海藻丛生的环境中，以各种海藻为

食物。它们有一种特殊的本领，就是吃下什么颜色的海藻，身体也会跟着变成这种颜色。譬如说，吃下红色海藻的海兔身体会呈现玫瑰红色，吃下墨角藻的海兔身体会呈现棕绿色。一些海兔的身体表面还长有绒毛和树枝状的突起，这样一来，海兔在体型和颜色上就与自己所栖息的环境十分接近，从而避免了许多危险。

除了伪装这项本领外，在海兔体内还长有两种腺体。其中一个位于外套膜边缘的下边，在遇到敌人时，这个腺体可以放出大量紫红色的液体，将附近的海水染成紫色，混淆敌人的视线。另一个腺体位于外套膜前部，能分泌出一种弱酸性的乳状液体，气味十分难闻，如果敌人接触到这种液体就会中毒受伤甚至于死去。因此敌人一旦闻到这种液体的气味就会远远躲开，不敢再侵犯。

海兔的繁殖季节在春季，通常是几个甚至于几十个海兔连体成串地进行交配，这时最前面的一个海兔充当雌体，最后面的一个作为雄体，中间的则对它前面的海兔充当雄体，对它后面的海兔充当雌体，这种交尾时间持续较长，能长达数天之久。交配之后海兔便会产卵，产出的卵子之间会以蛋白腺所分泌的胶状物粘成一长串，有的长度可达百米。虽然海兔产卵量极多，但孵化率却很低，因为大部分都被其他动物吞食了。卵串从外表看去就如粉丝一样，因此人们也管它叫做“海粉丝”。卵孵化之后，小海兔经过 2~3 个月便可以

发育成成体。

科学家经过研究,从海兔体内提取了一种名为“阿普里罗灵”的化合物,通过动物实验,认为可以用来作为抗癌剂。这种化合物的杀癌能力可与现在作为制癌药剂的肿瘤坏死因子的效力相匹敌。更为特别的是,这种化合物只对癌细胞起杀灭作用,对正常细胞则毫无毒性。海兔抗癌制剂的出现,再次使海兔声名远扬。

海兔的种类有很多,常见的有黑指纹海兔、蓝斑背肛海兔和斑拟海兔等。其中有一种海兔尤为难见,它们的身体呈血红色,个体较大,行走时身体完全漂浮在水中,柔软的躯体上下翻飞,看起来就像是身着红袍的西班牙舞娘在跳一曲佛朗明哥舞。因此人们把这种海兔称之为“西班牙舞娘”,它们仅在夜间活动,是海兔中最为特殊和美丽的一种。

昼伏夜出的虎斑宝贝

虎斑宝贝又叫做黑星宝螺，是腹足纲宝螺科的软体动物。它们体长在38～134毫米间，属于大型宝螺。

虎斑宝贝的贝壳既坚固又大而重，背面膨圆，底部扁平，有的有些微凹。壳缘位于壳的上半部，呈长形并且隆起，表面镀有一层珐琅质，因此十分光滑并且富有光泽。从贝壳的背面到壳缘，主要以白色或浅褐色为底色，上面分布着大小不一的黑褐色斑点。壳面的背线是浅黄色，腹面则为白色。外壳花纹分为两层，上层的颜色介于浅红和深褐色之间，下层则为浅蓝灰色。这样的双层花纹使得表面斑点显得很为拥挤并且常常会融合在一起，其中上层的斑点周围通常为黄褐色。

虎斑宝贝的外壳分为内唇和外唇两部分，内唇齿较细且长，但最下面的四枚齿则大而短，齿间的缝隙较大，强度也较弱，外唇齿则短而厚。体螺层的壳口狭长，在壳体背面的中央线上呈一条缝状，总长度几乎和壳长一样。两唇很厚并且朝内翻卷，唇缘非常厚，并且边缘长有齿纹，壳口并未长有圆片形的盖。成年的个体螺旋部很小，一

般都藏于体螺层中。虎斑宝贝的吻和水管都很短，外套膜和足部则较为发达，并长有外触角。平时外套膜会将贝壳整个包被起来，遇到危险时则会将整个身体都缩回到壳里去。

虎斑宝贝多分布于印度洋—西太平洋地区的热带和亚热带海域，比如说菲律宾群岛，我国的广东、海南、西沙群岛，我国台湾省的北部、南部和东部等。

它们通常栖息于热带和亚热带海洋的潮间带低潮线附近的岩礁质海底，在潮水退去之后，有的藏身于礁石下，有的躲在珊瑚礁缝隙或洞穴内，也有的潜伏于藻类丛中。虎斑宝贝行动缓慢，十分惧怕强光，白天时通常潜伏在洞穴或岩石下，只有在黎明或黄昏时才外出觅食。

虎斑宝贝属于肉食性动物，多以海绵、有孔虫、藻类、珊瑚虫和其他小型甲壳类动物为食，捕猎后用齿舌来吃掉猎物。

虎斑宝贝属于雌雄异体动物，每年的 3~7 月为它们的产卵季节。雌性虎斑宝贝通常会将卵产于洞穴、空贝壳或是阴暗的地方，在产卵后仍会卧伏在卵群上进行保护，直到小虎斑宝贝孵化为止。

刚孵化出来的小虎斑宝贝壳小、极薄、透明，在它成长的过程中，其上翻的外套膜源源不断地分泌石灰和珐琅质，它的壳体就会不断增长变大。

外来入侵者——福寿螺

福寿螺是瓶螺科瓶螺属软体动物，又名大瓶螺、苹果螺，原产于南美洲亚马逊河流域，螺壳外观呈螺旋状，颜色根据环境和螺龄的不同而不同，上面分布有若干条细纵纹，并带有光泽。福寿螺的头部有两对触角，其中前触角较短，后触角较长，在后触角的基部外侧各有一只眼睛，在螺体左边有一根粗大的肺吸管。成年个体贝壳较厚，高约 7 厘米，幼年的个体贝壳则较薄。在其贝壳的合缝线处，有一条浅沟，壳脐深且宽。

福寿螺喜欢水质清新、饵料充足的淡水环境，多栖息于池塘边的浅水区，有时浮于水面，有时吸附于水生植物的茎叶上，离开水也能够短暂存活。在干旱季节，它们可以在湿润的泥土中度过长达 6~8 个月的时间，当水源充足时便会再次活跃起来。福寿螺的最佳生存水温为 25℃~32℃，如果水温超过 35℃，则生长速度会明显减慢，超过 45℃或是低于 5℃都会死亡。

福寿螺为杂食性动物，主要以植物性食物为主，比如说浮萍、蔬菜、瓜果等，尤其喜欢带有甜味的食物。有时也会吞食水中的动物腐

肉，若是食物出现短缺，还会食用漂浮在水面的微小物质。但是在饥饿的状态下，成年福寿螺也会食幼螺和螺卵。

福寿螺为雌雄异体动物，每年的3~11月为它们的繁殖期，其中以5~8月最为旺盛。雌螺在交配后会爬到距离水面15~40厘米的池壁、木桩或水生植物的茎叶上进行产卵。卵为圆形，直径2毫米左右，呈粉红色，粘连成块状。雌螺每次约能产200~1000粒卵，产卵结束后便返回水中，时隔3~5天后，会再次产卵。雌螺一年内约能产卵20~40次，产卵量达3~5万粒。受精卵孵化需要10~15天的时间，孵化后的小福寿螺可直接进入水中生活。

福寿螺的繁殖共分为三代，第一代幼螺在出生93天之后即可以产卵，经过9天的孵化期，会孵出第二代幼螺。第二代幼螺出生63天后方能产卵，经过11天的孵化期，孵化出第三代幼螺。三代福寿螺交叠成长，其中第一代雌螺平均能繁殖出3000多只后代，孵化率高达70%。第二代雌螺

平均每只能繁殖出 1000 多只后代，孵化率约为 59%，繁殖力极强。

福寿螺原产于亚马逊河流域，后作为高蛋白质食物被引入我国广东。但由于养殖过度而被大量遗弃和逃逸，并很快从农田扩散到湿地。福寿螺食量极大，能啃食水稻等农作物，其排泄物还会污染水体，大大威胁了入侵地的水稻生长和湿地中的其他贝类，破坏了食物链的构成，是危害巨大的外来入侵者。

此外，福寿螺体内藏有管圆线虫等寄生虫，这种寄生虫若经由福寿螺进入人体，则会导致人体感染管圆线虫病。管圆线虫进入人的中枢神经系统，可引发脑膜炎症。一旦食用生的或是加热不彻底的福寿螺就有可能被感染这种病，使人体头痛、发热、颈部僵硬等，严重者甚至于导致痴呆和死亡。因此平时在食用福寿螺时，一定要彻底加热，杀死管圆线虫。

天外来客——冰海天使

冰海天使这个名字是从希腊神话的海神名字演化而来的，它长约 2~3 厘米，既不是水母也不是萤火虫，而是一种浮游软体动物，生活在北极和南极的冰层下面。

冰海天使通体透明，在透明的身体中间有一个红色的消化器官，看起来就像是一颗红色的心。它们的头部有两个触角，身体两侧有两个透明的翼，游动时拍打着两翼，外型就像是浮在水中的天使，因此又被称为“海天使”、“冰之精灵”、“冰海精灵”等。

由于冰海天使通常都生活在离岸水域，因此人们至今对它们的生活习性仍不清楚。它们的嘴巴长在头部顶端，是食肉性动物，主要捕食对象为浮游性小卷贝。

在捕猎的时候，冰海天使的头部会忽然张开，并从咽喉伸出像是触手一般的“腕”和“吻”，腕上长有吸盘，用来帮助它捕捉食物。发现猎食对象后，头部那两个像是触角的东西之间，会突然爆裂开，从体内瞬间伸出 6 条被称为“口锥”的触手，以极强的逼迫力将对象扯入体内进行消化。

冰海天使在幼年时，并没有双翼，而是在体外有一层薄薄的壳。在生长成熟的过程中，外壳便渐渐退化，并在足部形成透明的翅膀。在游动的时候，这对翅膀每秒约拍动两次。

冰海天使终生都生活在冰层下的海水中，主要分布于南极和北极附近，此外，北纬 45 度以北的太平洋和大西洋，以及日本的北海道海域也有它们的踪迹。

科学家在日本的兵库县也发现了冰海天使的踪迹。兵库县属于日本中部的温带地区，海水相对温暖，按照常理，这里并不会出现寒带的生物。不过，这也是人们第一次在寒带之外的海域发现冰海小精灵。但遗憾的是，由于水土不服，这些迁徙而来的冰海天使已经开始大量死亡。为了保护这些远道而来的珍贵客人，一些环保组织招募人员对这些冰海小精灵进行饲养。但是，这些漂游而来的冰海天使们的生活情况并不是很好，由于对其生活习性的不了解，饲养员们照料下的冰海天使仍不断出现了大量死亡的现象。

这种动物为何会出现反常的迁徙？环保专家还在寻找其中的原因，一些生态学家表示，这一定是海洋环境出了问题，这些习惯于生活在寒冷地带的动物们才会不合常规地顺流而下。

冰海天使为雌雄同体动物，在繁殖时需要和同类交配才能生殖后代。在交配前一个月，原本身上无壳的冰海天使会迅速长出一个圆壳，进行交配时，两只冰海小精灵会结合在一起，互相为对方体内的卵子授精。交配之后它们会在壳内产下凝胶状的卵子。这些卵一直待在圆壳中，一直到孵化为止。刚出生的冰海天使背部会顶着一个类似的圆壳，两侧各有一条小小的腿足，稍有危险，它们便会把身体缩回到壳中。在向成年的过程中，这个圆壳会渐渐退化消失，直到繁殖期才会重新生长出来。

天下第一鲜——蛤蜊

蛤蜊是一种属于双壳纲的软体动物，外壳是卵圆形，呈淡褐色，边缘为紫色，通常生活在浅海底。蛤蜊的种类很多，常见的有花蛤、文蛤、西施舌等，由于肉质鲜美无比，被称之为“天下第一鲜”。

蛤蜊的贝壳一共有两片，十分坚厚，单片略微呈四角形状。壳长大约为 36~48 毫米，高度则为 34~46 毫米，宽度为高度的 4/5 左右。两片贝壳的大小是相等的，壳顶稍尖，并稍稍向前屈，壳面中部最为膨胀，然后向前后及近腹缘急剧收缩。

蛤蜊的壳面生长纹很粗大，形成一道道凹凸不平的同心环纹，在贝壳的腹面边缘常常会有一道狭窄的黑色环带。贝壳的里面呈灰白色，左壳有一个分叉的主齿，右壳则有两个排列成八字的主齿。蛤蜊的侧齿十分发达，均成片状。

蛤蜊的外韧带较小，呈淡黄色，内韧带为黄褐色，极为发达。外套膜的边缘是双层的，其中内层有分枝的小触手，水管为黄白色，末端也有小触手。蛤蜊的足部很发达，从外形看呈斧子状。

蛤蜊为滤食性动物，主要以底栖类硅藻为食，有时也吞食有机

碎屑和动物残屑等。冬季时气温较低，蛤蜊多紧闭双壳，极少摄食。它们的生长高峰期在3月过后，最适宜的生长水温为24℃~30℃。它们通常栖息在潮间带中、下区以下的泥沙滩海底，以干潮线（干潮时的最低水位线）以下产量最多。其栖息于泥沙中的深度，一般都不超过自己身体长度的2倍。

每逢阴历的初一、十五落大潮后，人们多去海滩挖掘这一海味来解馋。大量生产则用挖蛤蜊船在深水处采捕。

蛤蜊为雌雄异体动物，每年有一次繁殖期，其繁殖高峰多在大潮汐之后。孵化出的小蛤蜊根据所处水温环境的不同，生长速度也各异。

海洋中的"活化石"——鹦鹉螺

鹦鹉螺是海洋软体动物，共有2属6种，仅生存于印度洋和太平洋海域。由于外壳光滑如圆盘状，形似鹦鹉嘴，故得名鹦鹉螺。

鹦鹉螺的外壳卷曲并且光滑，贝壳最大可达26.8厘米，但通常成年鹦鹉螺的外壳都不会超过20厘米。鹦鹉螺的贝壳十分美丽，构造也很有特色。它们的外壳是石灰质的，大并且厚，左右两边对称，沿一个平面作背腹旋转，从外面看，是呈螺旋形的。贝壳的外表很光滑，底色为灰白色，后方则混杂着许多橙红色的波纹。鹦鹉螺的外壳共有两层物质组成，外面一层是磁质层，里面则是富有光泽的珍珠层。被截剖的鹦鹉螺，就像是旋转的楼梯，又像一条百褶裙，一个个腔室由小到大顺势旋开，正是这些腔室控制了鹦鹉螺的沉浮。人类发明潜艇就是受此启示，世界上第一艘蓄电池潜艇和第一艘核潜艇因此被命名为"鹦鹉螺号"。

鹦鹉螺的外壳共由36个腔室组成，其中最末的一室空间最大，是躯体所居住的地方，故也称为住室，其他的则被称为气室。当鹦鹉螺的身体不断长大的时候，就会将住室向外侧推进，同时从外套膜

的后方分泌出钙质和有机物质，制造出一个新的隔膜来。各腔室之间有隔膜隔开，通过一条室管连接在一起，气体和水都通过室管来运输，并通过气体的排放来控制身体在水中的沉降。鹦鹉螺有两对腮，63~94 只腕，但腕上并没有吸盘组织，只是丝状或叶状的触手，用于捕食和爬行。其中有一对触手合在一起后，会变得十分肥厚，并会在身体缩回贝壳后将壳口遮挡住。鹦鹉螺在休息的时候，会有几条触手处于警戒状态。在触手的下方，有一个漏斗状结构，功能类似于鼓风机，它通过肌肉收缩来排水，借以推动鹦鹉螺的身体向后移动。它们有简单的眼，但并不存在晶体组织。鹦鹉螺的大脑十分发达，近似于脊椎动物的水平，循环和神经系统也同样发达，心脏、胃等器官均长在靠近螺壁的地方。

鹦鹉螺被海洋学家誉为汪洋中的喷射推进器。它们通常借由通过外套膜的水流，然后通过管状肌肉的收缩和自身膨胀而向后方喷射推动游行。鹦鹉螺喜欢在夜间活动，白天则潜伏在海底，用触手握在底质岩石上进行休息。它们的主要食物为底栖甲壳类动物，尤其是小蟹。

鹦鹉螺主要分布在西南太平洋热带海域，在马来群岛、台湾海峡和南海诸岛也能发现它们的踪迹。其为雌雄异体动物，交配时，雄螺和雌螺的头部相对，腹面朝上，将触手交叉，雄螺的腹面长有肉

穗，可以把精子荚附在雌螺后面的触手上。交配后短期内雌螺便会产卵，但每次仅能产下几颗或几十颗卵。

鹦鹉螺属于一种很古老的软体动物，迄今已经历了数亿年的演变，被称为无脊椎动物中的拉蒂曼鱼，又被誉为海洋中的活化石。在奥陶纪的海洋中，它们堪称是顶级的掠食者，身长可达 11 米，族群达到了 30 多种，主要猎物为三叶虫、海蝎子等。在当时无脊椎动物鼎盛的时期，鹦鹉螺以其庞大的体型和凶猛的掠食能力，称霸整个海洋，几乎遍布全球。然而在 6500 万年前的那场大劫难中，它与恐龙一同遭受了灭顶之灾，只在南太平洋深海中还存活着 6 种，是和大熊猫一样珍贵的生物。尽管如此，鹦鹉螺的化石却多达 2500 种，为我们研究不同年代的动物演化和环境演变，提供了丰富的资料。

小型贝类的大敌人——骨螺

骨螺是腹足纲新腹足目骨螺科的成员，又被称为鸡冠螺、刺螺，这种贝类在中新世至全新世时期，非常活跃，遍布世界各地海洋或河流之中。

经过漫长的历史演化，这种贝类适应了恶劣的自然生存环境。在其进化过程中，它们为了生存，就从自身器官开始改变。

而今，骨螺的形态特征是这样的：它的身上长着一个非常坚硬且为卵圆形或长卵圆形的贝壳，贝壳的体型在所有贝类中为中等大小，在上面长着极其锋利的肋条和棘状突起，能够钻破其他贝类的贝壳，然后将长吻伸入它们的贝壳，将它们柔软的肉体吃掉。骨螺的存在对于很多贝类动物来说是一种极大的威胁。

骨螺主要生活在澳大利亚和西太平洋的海域里，无论是在浅海当中，还是在3000米的深海当中，都能找到它们的踪迹。它们大多喜欢生活在浅水中的岩石上，因此，它们还被称为岩螺或岩蛾螺。

骨螺科动物的种类非常繁多，不同地方的种类有所不同。在印度洋—太平洋地区生活着一种叫梳骨螺的软体动物，它的体长可达

15 厘米，身体为白色，带有长长的刺。这些刺不但可以保护自己，还可以帮助寻找食物。

地中海中生活着染色骨螺，其他地方还生长着钻蠔螺、倭特里同螺、核果螺、筐蛾螺等。

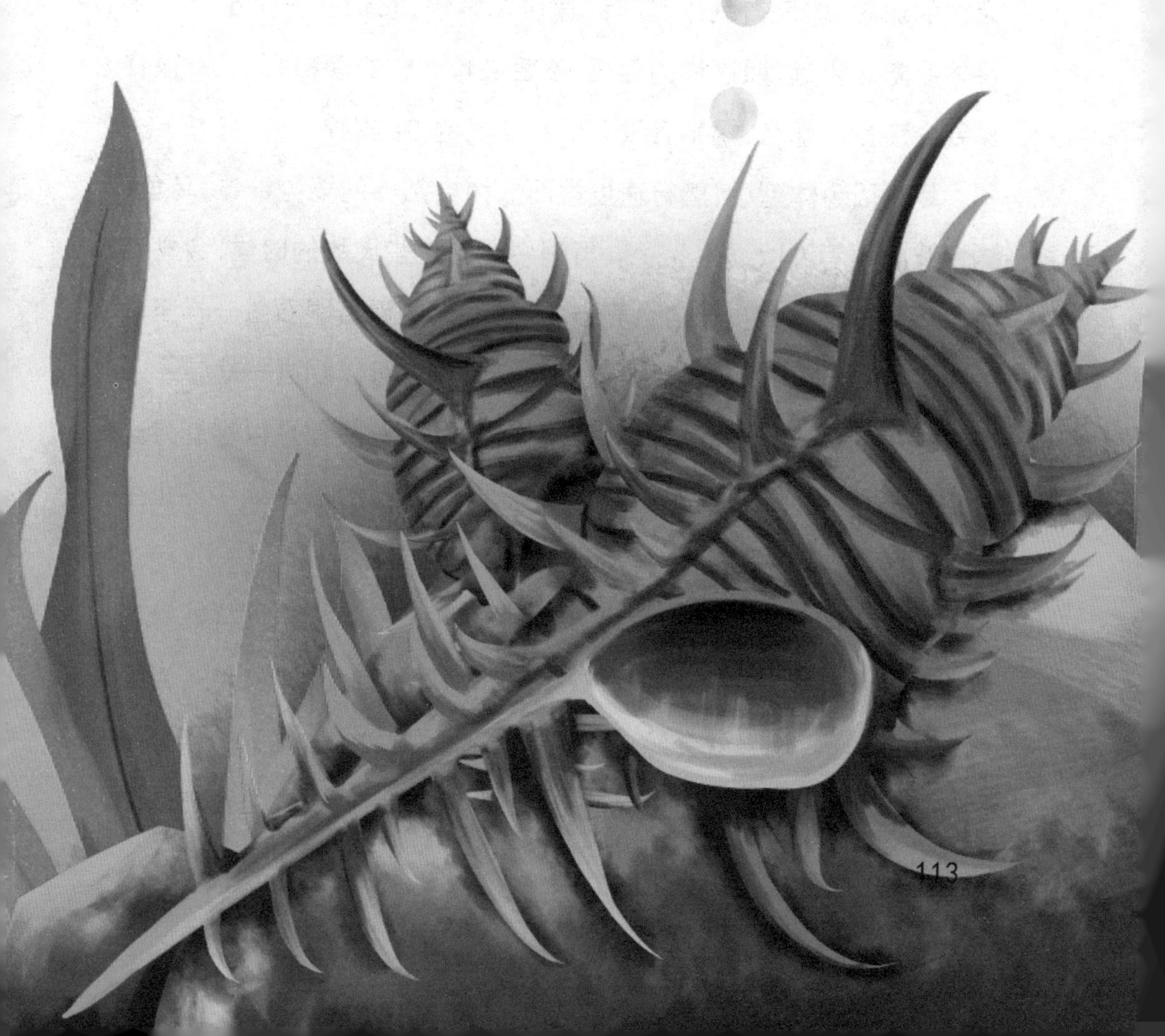

既做爸爸又做妈妈的蜗牛

蜗牛最明显的一个特征就是身上背着一个壳，或许就是因为壳太重的原因，才使得蜗牛爬行的速度非常慢，它们在一个小时内最快才能爬8米远，照这样的速度，不管被什么样的动物盯上了，很容易就会丧命。那么，蜗牛有没有保护自己的办法呢?

蜗牛因为体型小、爬行速度慢而成为自然界的弱势群体，乌龟、蟾蜍和刺猬等都以蜗牛为食。当蜗牛遇到这些天敌的时候，会立刻将身体快速地缩到自己的贝壳当中。这些动物看着跟石头一样坚硬的蜗牛壳，对壳内蜗牛毫无办法，因此，蜗牛就可以躲过一劫。

蜗牛的贝壳是由外套膜的分泌物形成的，一般都是以螺旋方式生成。在蜗牛成长的阶段，贝壳会一层层地螺旋增加，等蜗牛停止生长的时候，它们的贝壳也会停止生长。

除了天敌对蜗牛的生命能够产生威胁，自然环境也同样能够对蜗牛的生命产生威胁。蜗牛喜欢生活在潮湿的自然环境当中，当天气干燥的时候，蜗牛就会躲进壳中休息。更厉害的是，它们处于休眠期的时候还能分泌出一种黏液将自己的壳口给封住，以免在休眠期

的时候受到其他动物的打扰。

水蛭的一生既有机会做爸爸，也有机会做妈妈，可谓是非常神奇。蜗牛更加神奇，它既可以是爸爸，又可以是妈妈。这到底是怎么一回事呢？

蜗牛是我们比较常见的一种软体动物，它属于腹足纲的成员。它喜欢在陆地上生活，种类非常繁多，大约有 22000 多种。它的分布非常广泛，不管是在炎热的热带的岛屿上，还是温暖的温带地区，

甚至是在寒冷的寒带地区都能看到它们的影子。

由于蜗牛的种类众多，所以它们的形状大小也各不相同。此外，它们身上的壳也都是不一样的，有的像一座宝塔，有的像一个陀螺，还有的像个烟斗。

蜗牛的繁殖方式在动物界显得与众不同。它是一种雌雄同体的动物，在它的身上同时具有雌性的生殖器官和雄性的生殖器官。它的寿命非常短，一般只能活五六年，所以这些蜗牛成熟的速度非常快，一般生活满6个月左右的蜗牛的生殖器官就已经发育成熟，随后就可以繁衍后代了。

蜗牛是一种恒温动物，在25℃～28℃的时候是它们繁殖最旺盛的时期。根据各个地区温度的不同情况，蜗牛一般会选择在每年的5～9月份进行繁殖。当繁殖期到来的时候，两只成

熟的蜗牛用它们的触角相互打招呼，这也是它们的求爱信号，当它们求爱成功以后就会进行交配。在交配的过程中，两只蜗牛会分别将自己的精子排入对方的身体内，而两只蜗牛的卵子也会分别受精。随后，两只蜗牛会在10月份左右将受精卵产在地下几毫米深的土壤、树叶或朽木下。受精卵在8天以后就会孵化出小蜗牛。这时，两只大蜗牛既是自己产下的小蜗牛的妈妈，也是另一只大蜗牛产下的小蜗牛的爸爸。

蜗牛产卵的速度非常慢，一般一只蜗牛要历经1~2小时才能够将卵产下来，有的蜗牛产卵甚至达到3个多小时。由此可见，蜗牛繁殖后代其实是很不容易的事情，而且很多蜗牛在产卵的过程中会因为营养缺乏或难产而死。

在妈妈的鳃腔中成长的河蚌

海星和海胆是体外受精的动物，它们的受精卵都是在海水中慢慢成长，发育成小海星或小海胆的。有些海洋动物的妈妈实在是不放心孩子在水中自由孵化，它们就会把受精卵放在特殊的地方来孵化后代。比如说，河蚌的受精卵就是在母体的鳃腔中发育而成的。

河蚌又被称为河蛤蜊或河歪等，它是软体动物家族中瓣鳃纲的成员。瓣鳃纲的动物一半都是有两块贝壳的，这两块贝壳能将它们的身体紧紧地包裹起来，河蚌也不例外。它的身体上有两块贝壳，呈卵圆形或椭圆形，不过贝壳的质地比较薄，容易碎。

河蚌繁殖的方式非常独特，虽然属于体外受精，但是它与海星和海参还是有区别的。河蚌的卵子跟精子是在雌性河蚌外瓣鳃的鳃腔中进行的。

什么外鳃瓣呢？河蚌是靠鳃来进行呼吸的。在河蚌斧足的左右两侧各长着一对瓣鳃，悬挂在河蚌的外套腔内。河蚌的每一对鳃瓣都是由两个瓣鳃组成的，里边的那个叫内瓣鳃，而外边的那个叫外瓣鳃。在外瓣鳃上有个鳃腔，河蚌的卵子就是在外瓣鳃的鳃腔中受

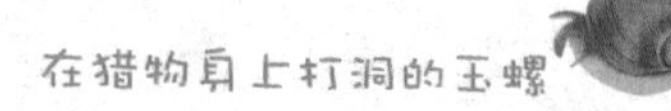

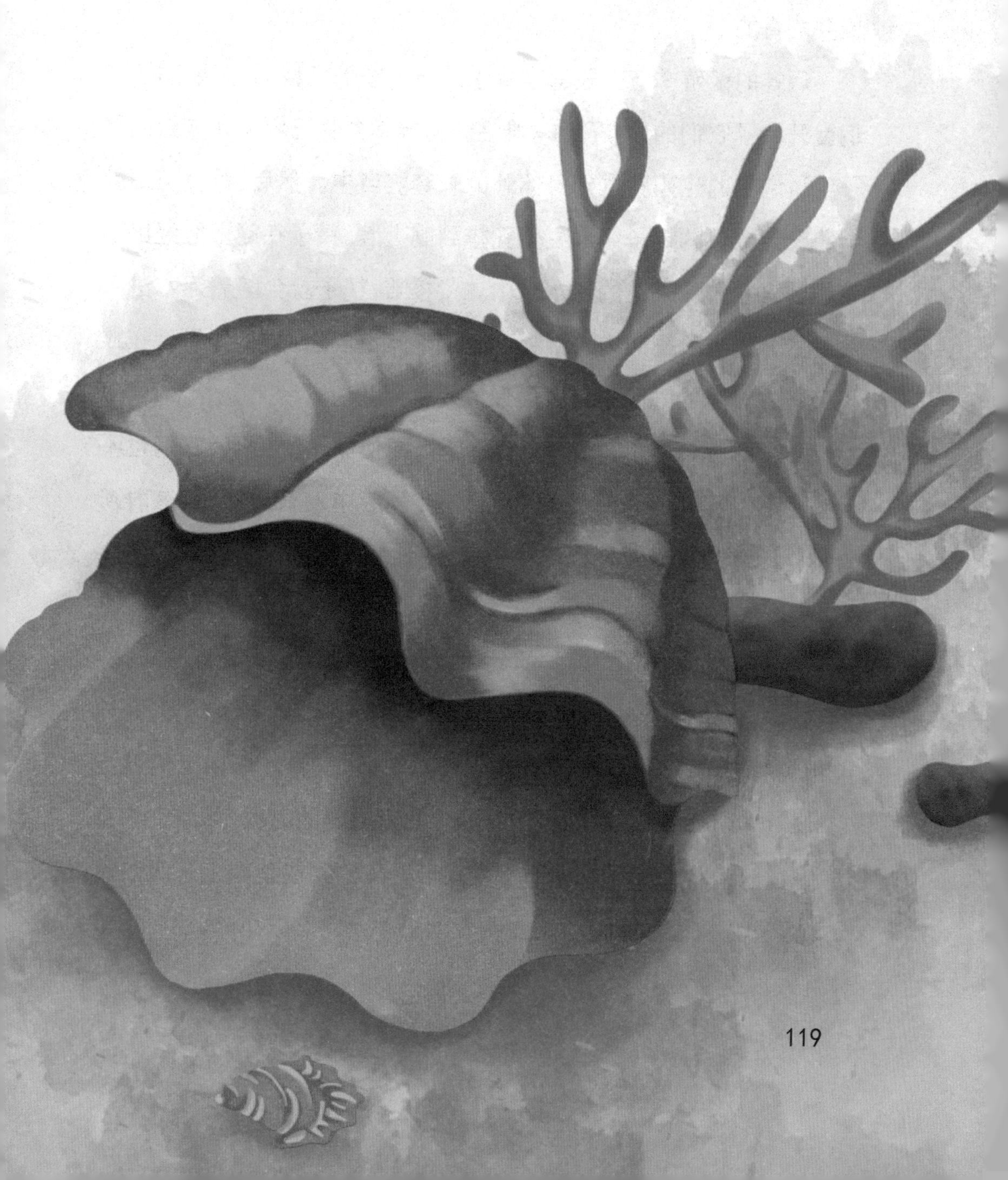

精并发育的。

河蚌的繁殖季节一般都在夏季。当夏季到来以后，成熟的河蚌们就开始了它们的繁殖工作。雌性的河蚌就会将已经发育成熟的卵子经过它们的生殖孔排到身体外的外套腔当中。然后，雄性河蚌就会将已经成熟的精子经过生殖孔排到鳃上腔。精子在鳃上腔经出水管排到雄性身体外边的河水当中。紧接着，精子就会随着河水进入雌性的外瓣鳃的鳃腔内。雄性河蚌的精子和雌性河蚌的卵子就在雌性河蚌外瓣腮的鳃腔中结合而形成受精卵。

由于雌性河蚌的身体有黏度，所以即使卵子受精了，它们也不会被河水冲出雌性河蚌的鳃腔，而是在鳃腔中发育成胚胎，这时河蚌的鳃腔看起来就像是人体的子宫。所以，人们还给鳃腔取了一个名字叫：育婴囊。

等到第二年春天，河蚌的幼体就会从受精卵中孵化出来了，并发育成钩介幼虫。钩介幼虫也是河蚌特有的一种形态，它们的身体上都长着两个小小的壳，而且在壳的边上还长着钩，所以人们就把它们称为钩介幼虫。当这些钩介幼虫发育成熟的时候，如果它们身边有鱼，它们就会离开母体而寄生在一些鱼的鳃或鱼鳍上来吸收养分。经过 2～5 周的时间，这些钩介幼虫才会变态成小蚌，然后离鱼体沉入水底生活。

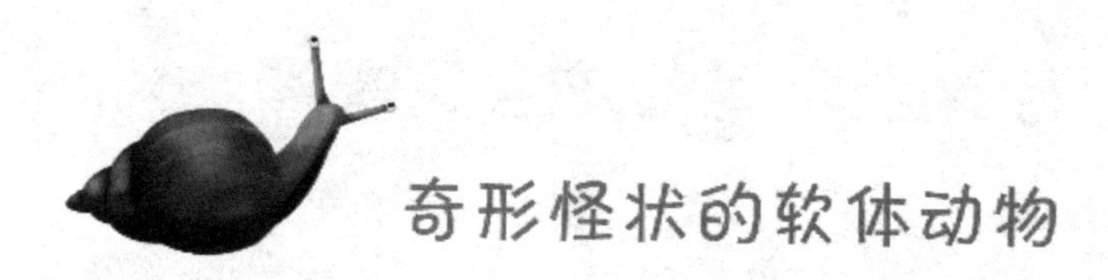

奇形怪状的软体动物

关键词：龙宫翁戎螺、维纳斯骨螺、帽螺、洋葱螺、蜘蛛螺、白蝶贝、鸡心螺、南非鲍、天王宝螺、象拔蚌、盖罩大蜗牛、唐冠螺

导　读：软体动物的贝壳千姿百态、异彩纷呈，有的像宫殿，有的像帽子，有的像植物，有的像动物……正是这些“奇形怪状”的贝壳，构成一个多姿多彩的软体动物世界。

形似金字塔的龙宫翁戎螺

龙宫翁戎螺是腹足纲原始腹足目翁戎螺科的一种海洋贝类，主要分布在中国、日本、印尼等海域。龙宫翁戎螺属于深海动物，喜欢在海底礁石缝中生活、穿梭以及觅食，它的主要食物包括一些海绵和海藻等。

龙宫翁戎螺是已知翁戎螺科中体型最大的一种螺类。它的贝壳十分有特点，其螺塔体层较大，到螺顶部变尖。远远望去，就像一座在夕阳西下之际，披着红色余光的金黄色的“金字塔”。在螺壳的底部，有一个圆形脐孔，这个脐孔悠长，可以一直通到螺顶，宛如金字塔的暗道一般。

1879 年，荷兰鹿特丹自然博物馆收藏了一个翁戎螺的标本，生物学家经过研究，其形状就像世间传说的海龙王居住的宫殿一样，于是生物学家决定将其命名为龙宫翁戎螺，又称龙宫贝。生物学家通过对这种螺类的研究发现，这种海螺在距今 5.7 亿年前就开始生活在地球上，至今它的外形都没有改变。由于龙宫翁戎螺造型独特，种族珍稀，因此有“贝类之王”的美誉。

维纳斯的梳子维纳斯骨螺

维纳斯是古希腊中的神话人物。她是宙斯和大洋女神狄俄涅的女儿。传说她从浪花中出生，故称阿娜狄俄墨涅(出水之意)。维纳斯是“美丽”的化身，当然，美丽之神也需要美丽的妆具，她梳头发用的梳子是什么你知道吗？现在告诉你吧，就是同样美丽的维纳斯骨螺。维纳斯骨螺也因此有了“海底的梳子”的称号。

维纳斯骨螺也叫栉棘骨螺、刺螺。它是腹足纲新腹足目骨螺科的一种软体动物。

由于维纳斯骨螺在长期的高度演化过程中，变成了“奇形怪状”的模样——它的水管长的又长又尖锐，并且在它的壳上布有长短相互交替的棘，看起来就像梳子一样。由于其造型奇特，形状美观，堪称大自然界赐予的“极品”。

维纳斯骨螺，主要分布在印度洋、太平洋、中国以及印尼等地的海域。喜欢栖息在潮下带以及浅海的砂底附近。维纳斯骨螺属于肉食性软体动物，它主要以小型无脊椎动物为食。它最喜爱的食物有牡蛎、海蛤等。

形似帽子的帽螺

帽螺是腹足纲帽贝科的一种贝壳动物。帽螺整个形状看起来非常有趣，它的贝壳呈长椭圆形，而且没有螺塔，看起来就像一顶帽子。在帽螺的壳内藏着非常漂亮的珍珠光泽。

帽螺种属根据形状、生长特征等，可以分成钥孔帽螺、侏凹缘帽螺、珠粒屋顶螺、戴森钥孔帽螺、龟甲帽螺、嫁帽螺等几大种类。

这种贝类动物主要在靠近滨海的地带，过着两栖生活。原来，帽螺不能持久地浸没在海水里，也不能长期地暴露在大气中，因此它就需要生活在水中一段时间，又在陆地生活一段时间，来回交替方能生存。

帽螺还有一样本领，它可以自己凿穴居住。洞穴凿在比较软性的石头之上。通常情况下，帽螺需要几个小时的时间，才能凿出几毫米的深度，这对于软体动物来说，已经实属不易了。

当帽螺凿好洞穴之后，它就会藏在其中，仅露出贝壳的尖端，以防卫周围的不测。

这个石头上的小洞穴对于帽螺来说，既提供了栖息之地，同时，

它还可以借助这个洞穴积贮水分，以保持自身水分的平衡。

但是，作为软体动物的帽螺，其活动能力很弱，不但它的行动速度很慢，它还是个“路盲”，对于道路的辨别能力较差，它能记住的路径长度非常短，只有几厘米那么远。

那么，如果帽螺要出去觅食的时候，它是怎么回到原来居住的地方呢？这一点不用太过担心，一切生物都有自己的特长和本领。帽螺的本领就在于它走过的地方会留下一层凹陷的足迹，这些足迹可以帮助帽螺“按图索骥”回到家中。这就像人类探险家在森林中怕迷路，在前进过程中做一些标记。

虽然帽螺是个“路盲”，但它也有长处，这个长处就是它拥有一个坚固的外壳，据生物学家实验证明：它 2 毫米厚的螺壳能抵抗 300 千克的压力。如此一来，这个坚硬的贝壳就成为了它的“铜墙铁壁”，保护它的安全。

可叹的是，帽螺虽然有如此坚固的外壳，也无奈于一种叫蛎鹬的海鸟。蛎鹬最喜欢吃帽螺的肉，若其发现帽螺的贝壳半张开时，蛎鹬立即啄食。据统计，一小群蛎鹬每年捕杀的帽螺以数十万计。

除了蛎鹬喜欢啄食帽螺的肉之外，老鼠亦喜欢吃帽螺的肉。如果我们在帽螺生活的地方仔细观察，常常会见到在帽螺的洞口留下成堆的帽螺空壳。这预示着帽螺已惨遭不幸被食。

形似洋葱的洋葱螺

洋葱螺，顾名思义，这种螺的贝壳外形酷似洋葱，螺体紫红色，和洋葱的颜色类似。螺壳上黑斑规则地点缀其中，也是种很美丽的螺。其贝壳较薄易碎，螺塔短，螺顶扁平几乎没在体层中，螺轴直而光滑，轴盾下半部扩张，形成与体层分离的薄片。前水管沟宽而开阔，有的较直，有的极度弯向一边。强螺肋布满壳体，在外唇边缘形成锯齿状，从壳顶看，较宽的沟槽中满是薄纵脊；体层最上面的宽沟槽中，纵脊更密集，并有皱褶；螺壳表面全为均匀白色。

洋葱螺主要分布于印尼和中国台湾地区。它对水质要求不算很高，最好在硬水中养殖，在软水中的话容易溶壳，这样壳外美丽的条纹也会被溶蚀，大大降低了它的观赏价值。洋葱螺适宜生活在22~24℃的环境中，这样的温度最有益于它的生长，它也最为活跃。它的食物一般是藻类。它的爬行速度也非常快，一分钟可达到 30 厘米。最有意思的是，一些年龄比较大的家养老螺，会经常玩“自杀”游戏，自己爬到距离水面 5~6 厘米的时候，忽然放手，掉进水缸里，溅起一片水花，也把水里的小螺吓得够呛。

形状如蜘蛛的蜘蛛螺

蜘蛛螺是腹足纲腹足目凤凰螺科蜘蛛螺属的一种大型螺类，它的螺长在 90 ～ 275 厘米之间。蜘蛛螺的名称由来即源于它的外形酷似蜘蛛。蜘蛛螺还有一个好听的名字叫“一帆风顺”。

蜘蛛螺的贝壳十分结实。它的螺层有 9～10 层。螺塔与体层高度相当。蜘蛛螺的壳表色彩呈肉色，并且上面还有褐色的斑纹，看上去非常漂亮。

蜘蛛螺主要生活于热带和亚热带海区，它的分布甚广，从日本奄美岛以南、澳大利亚以北、东非以东的印度洋太平洋海域皆能看见其活动的踪迹。韩国、印尼、马来西亚和新加坡的浅海水域也有分布。我国的西沙群岛、台湾等地区的海域也分布较多。

蜘蛛螺的足部较窄，但很强壮，它行动敏捷，并且可以用向前跳跃的方式代替走路，它最远可以跳跃 10 厘米远的距离。看来蜘蛛螺的本领也非常大。

蜘蛛螺主要生活于低潮线以下的浅海沙底或珊瑚礁间。因为这里微生物富集，可以源源不断地给蜘蛛螺提供丰富的食源。

珍稀瑰宝——白蝶贝

白蝶贝又称为大珠母贝，也叫白蝶珍珠贝，是热带、亚热带海洋中的双壳贝类，也是我国南海特有的珍珠贝种。它们的外形就像是一个碟子，个头很大，一般都在 25~28 厘米左右，体重可达 3~4 千克。最大的白蝶贝能达到 32 厘米长，5 千克重，比普通的马氏珠母贝要大上 25~30 倍左右，是珍珠贝类中最大的一种，也是世界上最为优质的珍珠贝。

白蝶贝的外壳十分坚厚，左壳稍稍隆起，右壳则较为扁平，前耳较为突起，后耳则呈圆钝状。壳面颜色多为棕褐色，壳顶的鳞片层十分紧密，而壳后缘的鳞片层则较为游离。壳内为较厚的珍珠层，呈银白色，边缘则为金黄色或黄褐色的角质，十分美丽。白蝶贝的身体部分较大，前闭壳肌早已退化，后闭壳肌位于身体的后方，十分发达。肛门为舌形，末端较为宽圆。

白蝶贝喜欢栖息于珊瑚礁、贝壳、岩礁砂砾等地方，用足丝附着在上面生活，大部分集中在距离海面约为 20~50 米的地方，最深可达 200 米。除了在我国沿海地区较为集中外，在澳大利亚、菲律宾、

缅甸和泰国等地的沿海也有分布。其中在我国南海地域中的白蝶贝资源最为丰富，据统计，白蝶贝的蕴藏量约占海南各类珍珠贝总量的 90%左右。

白蝶贝是雌雄异体动物，每年的 5~10 月为繁殖期，雌贝产下的卵呈圆形，直径约为 58~60 微米，经过 18~36 天方能孵化出小白蝶贝来。白蝶贝为滤食性动物，主要以藻类为食，也吃有机碎屑、双壳类幼虫、腹面类面盘幼虫和其他原生动物等。

白蝶贝在外套膜中，有部分细胞能分泌出角蛋白和碳酸钙，这两样物质可以交互生成珍珠质层。如果有外来物质进入贝壳，这些

细胞就会受到刺激而不断分泌物质将外来物包裹成具有光泽的圆珠体物质，这就是珍珠。在所有能产珍珠的贝类中，以白蝶贝所产的珍珠最大，质量也为最上乘。

白蝶贝的经济价值很高，可谓全身是宝。它的肉质味道十分鲜美，而且营养丰富，被称为是宴席佳品。它的贝壳的颜色和形状也十分独特，珍珠层很厚并且光泽美丽，是相当上乘的工艺原料，利用它可雕刻各种精美的观赏工艺品。除此之外，它的贝壳还是一种药物原料，所以在国际市场上十分畅销。白蝶贝最珍贵之处就是它们所培育出来的珍珠，不仅颗粒大，而且色泽好，既是贵重的装饰品，又是名贵的药材，无论在国内还是国际珍珠市场上都是热门货。有一枚使用白蝶贝培育出的珍珠，重 15 克，大小为 30 毫米 × 25 毫米，被誉为珍珠王中王。正因如此，白蝶贝被人们誉为“珍珠瑰宝”。

美丽又致命的鸡心螺

鸡心螺又叫做芋螺，是一种生长在赤道海域珊瑚礁附近的海螺，因为外壳前方尖瘦，后端比较粗大，形状和鸡心十分相似而得名。它们最大的个体可以长达23厘米，有不同的颜色和花纹，世界上总共约有500种左右的鸡心螺。

鸡心螺多分布在沿海珊瑚礁内，贝壳外表有的呈灰色和褐色，有的拥有美丽的色彩，有的壳上有精美的图案，在我国福建、广东、台湾和南海诸岛的珊瑚礁内都有它们的踪迹。

鸡心螺属于肉食动物，主要以海洋蠕虫类动物、小鱼或是其他软体动物为食。不过，鸡心螺在水中游动的速度很慢，因此在捕捉像小鱼这样行动快速的猎物，就需要依靠它们有毒的鱼叉来帮忙。鱼叉其实是由鸡心螺的齿舌变化而来的，对于大多数软体动物来说，齿舌的功能是集合牙齿和舌头为一体的。

不过对于鸡心螺来说就更为特殊一些，当它们准备捕食猎物时，就会把长管状的喙伸向猎物，然后收缩肌肉，将充满毒液的鱼叉从中喷射到猎物身上。鱼叉上的毒液能够使小鱼瞬间麻痹，之后鸡

心螺便会慢慢用齿舌将猎物拖入口中吃掉。

鸡心螺体内的毒液含有数百种不同的成分，并且不同的种类之间，毒液的成分也不同。这些毒素被统称为芋螺毒素，主要成分为不同的缩氨酸，经由神经通道来麻痹个体。

同时，这些毒素里面还含有镇痛成分，这种成分会使得猎物在中毒之后变得十分平静。

还有一些种类的鸡心螺中含有河豚毒素，与河豚和蓝环章鱼体内的毒素成分相同。一只鸡心螺的毒素足可以使10个人丧命，尽管它们的毒液主要是针对诸如小鱼一样的猎物而生，但是由于人体和鱼类有着相似的神经系统，因此人类同样也容易遭受到鸡心螺毒素的侵害。而这种毒素具有阻断神经系统传递信息的功能，因此一旦中毒，便不会有任何感觉，也不会感到疼痛，所以医学上常常利用鸡心螺的毒素来提取麻醉剂。

在多种多样的鸡心螺中，数以鱼类为食的鸡心螺最毒，其次是以软体动物为食的，而以海虫为食的鸡心螺毒性最弱。这些有毒的鸡心螺多分布在热带大西洋、地中海、美国加州和新西兰沿岸，在世界上最危险的动物中排行第27位。

不过，也正是因为鸡心螺的这个特点，引起了科学家们的浓厚兴趣，一些科学家已经开始试验从鸡心螺体内提取镇痛成分，用来研制癌症的止痛药，效果十分惊人。而这种药物如果能得到广泛应用，无疑是那些被病痛折磨的人们的一个福音，鸡心螺也可因此从毒物变为有用的宝物。

形似耳朵的南非鲍

南非鲍产于南非，属软体动物门腹足纲鲍科，因为从外形看很像是人类的耳朵，所以也被称之为“海耳”。除此之外，南非鲍还有镜面鱼、明目鱼、石决明肉、九孔螺、千里光、耳片等别称。

南非鲍的贝壳十分坚硬，而且很厚，质地为石灰质，在贝壳的边缘处，有 4~9 个突起的小孔排成一排，这是它们呼吸和排泄的通道，同时也是它们捕获食物的通道。

南非鲍多生活在温暖舒适的海水中，每年的 7~8 月是它们的繁殖期。小鲍鱼孵化后，生长速度极其缓慢，大约需要 5~10 年个头才能长成，这也是南非鲍十分名贵的一个原因。

在小鲍鱼生长发育期间，海洋中的各种藻类是它们的主要食物来源。

南非鲍在生长过程中，会在贝壳上留下类似树木的年轮一样的生长纹，在生长速度快的季节，生长纹则较为明显，距离较宽，在生

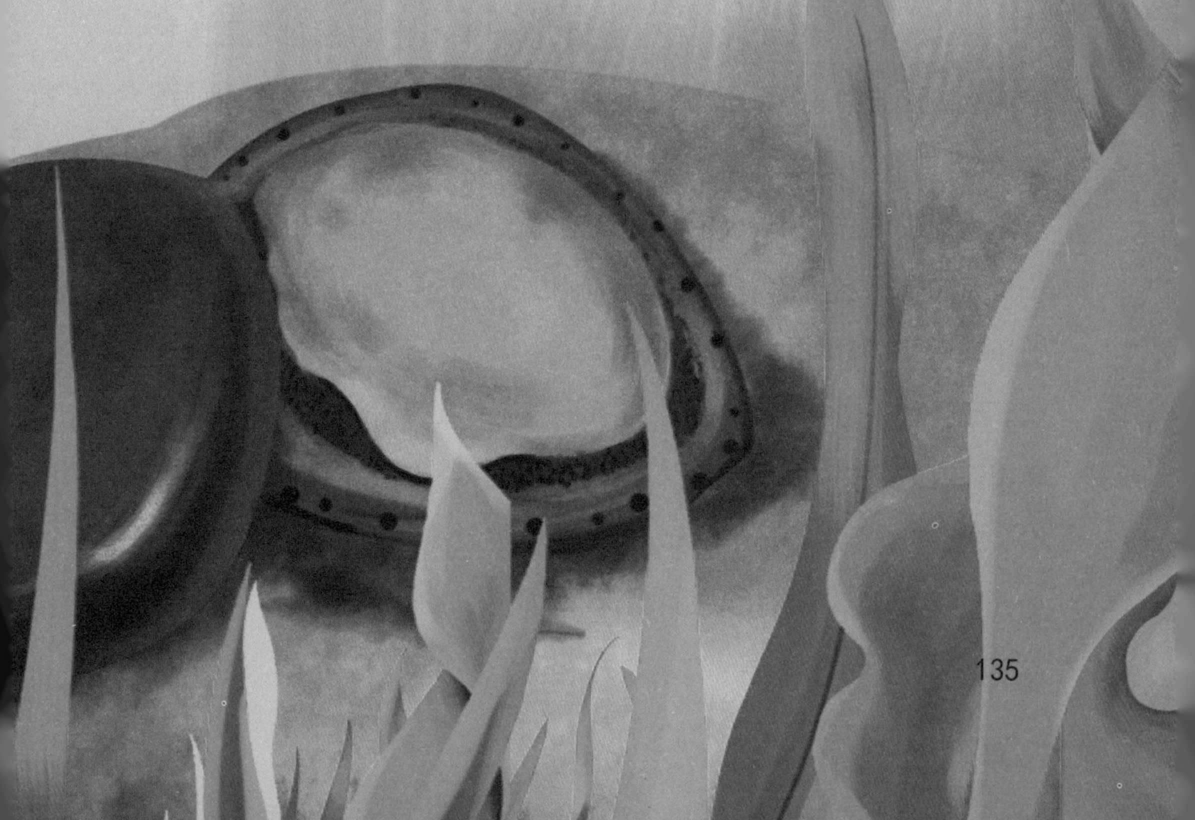

长缓慢的季节，生长纹则较密，间距也较窄。

南非鲍的足部十分肥厚，分为上下两个部分，上足部长有许多触手和小丘，用来感知外界的情形，下足部在伸展的时候呈一个椭圆形，腹面很平，主要用来附着和爬行。南非鲍喜爱在水流湍急、海藻繁盛的礁岩缝隙或洞穴中栖息，所在的水深随着季节的变化而不同，一般来说是在距离水面 10 米深的地方，但冬季时为了避寒，会转移到约 30 米深的地方，到了春季再慢慢上移。一些常见的藻类都是它们的食物来源，食量则会随着季节的变化而变化，温暖的季节吃得较多，冬季则较少进食。

南非鲍的肉体体表，有一层胶质，摸起来十分柔软。这是因为它们在水中爬行时，主要是利用触手和腹部的收缩产生推力而向前滑动，外表的胶质则是为了减少摩擦力而帮助它们顺利地滑行。而一旦它们死去，这层胶质也会慢慢褪去，露出包裹在里面的肉体。

南非鲍是名贵的海产品之一，不但肉质鲜美，营养丰富，在医学上还有明目、清热的功效，可以用来治疗诸如头晕眼花、高血压等疾病。而它们外壳中的珍珠层则可以用来制作工艺品以及装饰品。科学家还在它们体内发现有可抑制癌症的因素，更使得南非鲍身价倍增。但是，由于在市场上的走俏，南非鲍的数量也日益减少，濒临灭绝，已被列入《濒危野生动植物种国际贸易公约》的名单。

软体动物中的天王——天王宝螺

天王宝螺是腹足纲宝螺科的软体动物，身上长有非常坚硬的贝壳，外形为不规则的圆形，中间部分微微隆起。贝壳的壳口处狭长，且长有外唇和内唇，外唇和内唇上面长有牙齿。它的贝壳十分光滑，壳背为棕褐色，且点缀着很多白色或蓝色的斑点，壳底为白色，整体看上去极其美观。

天王宝螺主要分布在热带和亚热带暖海区，它们喜欢生活在珊瑚礁、岩礁以及深度为100~200米深的海底等地方。尽管天王宝螺的足非常发达，但是，它们带着硕大的贝壳，行动起来也是十分缓慢的。每当潮水退去之后，就能在岩石下面或珊瑚礁的细缝中看到许多天王宝螺的踪迹。

天王宝螺非常怕见到强光，所以在白天就躲在珊瑚下的洞穴里或岩石下。每到光线比较暗的黎明或黄昏，它们就会出来觅食。它们属于肉食动物，常常以珊瑚动物、孔虫以及甲壳类动物为食，有时候也会吃藻类。

每年的3~7月份是天王宝螺的繁殖季节，等雌天王宝螺和雄

天王宝螺完成交配之后，雌天王宝螺就会将卵产到它们居住的珊瑚洞穴中，有时候也会产在其他贝类的贝壳中或阴暗的地方。将卵产出来之后，雌天王宝螺并不会马上离开，而是非常负责任地守护在卵的周围，直到卵孵化出小天王宝螺之后，它才会离开。

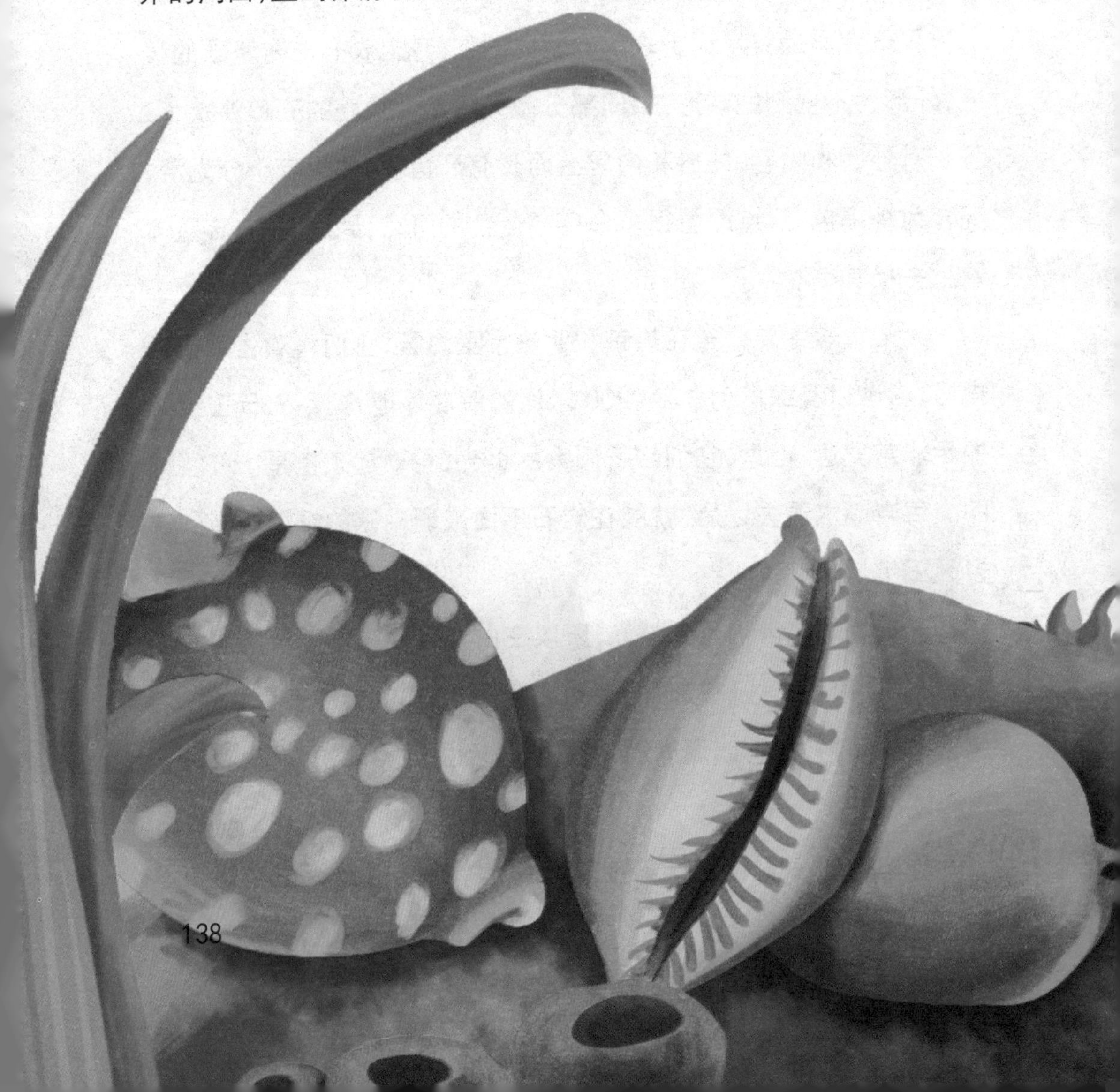

长着肉管子的象拔蚌

象拔蚌又被称为太平洋潜泥蛤、高雅海神蛤、皇帝蚌或女神蛤等。象拔蚌生活在海洋当中，虽然属于大型贝类，但是它们的体形大小不一。它们身上长有两片非常薄且脆弱的贝壳，前端还长有锯形牙齿和副壳。其实，象拔蚌最明显的特征就是它长着一个肥大的肉管子，其形状如象鼻，所以人们才给它取名为象拔蚌。

象拔蚌主要生活在美国和加拿大的沿海地区，那里的水深通常为 3~18 米，水温通常为 3℃~23℃。无论贝壳太长还是太短都会影响到象拔蚌潜入泥沙中的能力。一般情况下，贝壳在 5~10 厘米的时候，是象拔蚌潜沙能力最强的阶段。如果贝壳的长度超过了 15 厘米，那么，象牙蚌就会失去潜沙能力，因此，只能寻找洞穴居住了。

在每年的 4~7 月份，象拔蚌就开始进行交配了。其中，繁殖季节最为旺盛的时期是在 5~6 月份。象拔蚌的产卵能力非常强，一只象拔蚌一次就能够产下 1000 万 ~2000 万颗卵子。不过，它们对产卵的水温有一定的要求，通常情况下，水温在 14℃~17℃之间最适宜。

象拔蚌的幼虫生长速度非常快，尤其是在前 4 年。当象拔蚌一岁的时候，贝壳就能长到 5~6 厘米，体重 36~40 克；到了 2 岁时，贝壳的长度就变成了 8~10 厘米，体重达 200~250 克；到了 3 岁的时候，贝壳的长度就能达到 10~12 厘米，体重可达 400~500 克；而到了 4 岁的时候，贝壳的长度就能达到 12~15 厘米，体重达到 500~800 壳。不过，过了 4 岁之后，贝壳的生长速度就变得极其缓慢了。

象牙蚌的寿命非常长，可以活到 100 多岁。虽然在 4 岁之后它们的贝壳就不再生长，但是，它们的肉体却能长久地继续生长。

象拔蚌的食物比较单一，它们通常喜欢吃单细胞藻类，有时候也会吃一些沉积物和有机碎屑。由于象拔蚌的肉质鲜美，所以，蟹、海星以及众多鱼类等水生动物都喜欢以它们为食。

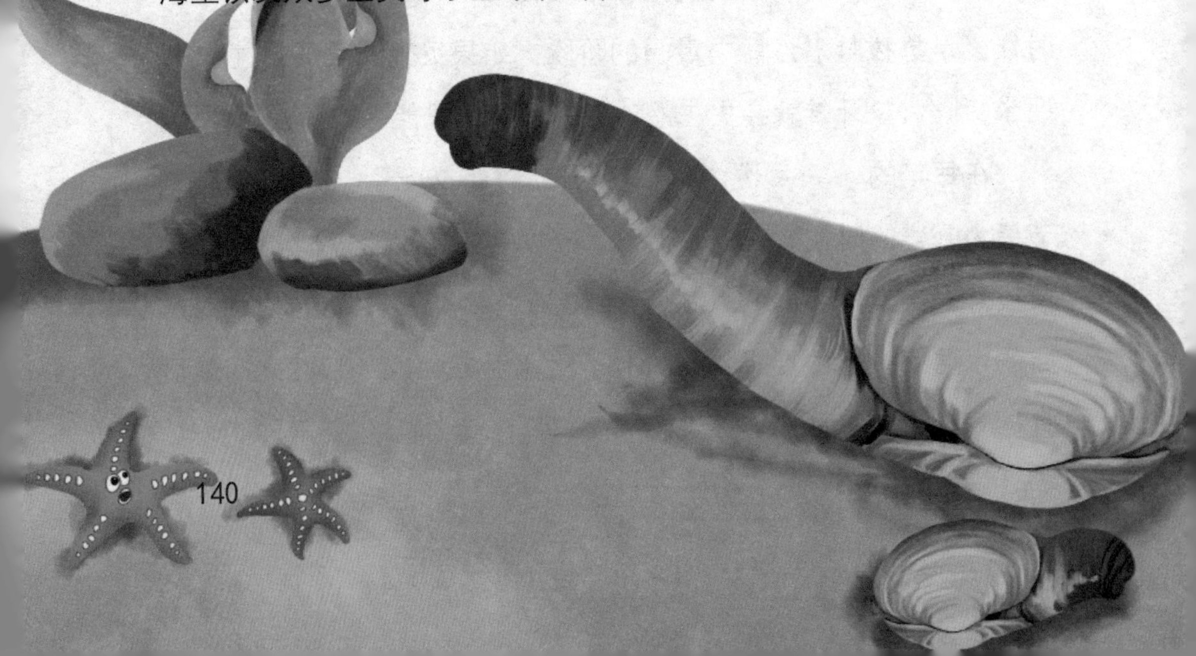

形似苹果的盖罩大蜗牛

盖罩大蜗牛的外形和苹果极其相似，所以又被称为苹果蜗牛。它们大多生活在葡萄园中，以葡萄的茎、叶、芽、果实为食，所以又称为葡萄蜗牛。

盖罩大蜗牛的壳高约38~45毫米，宽约45~50毫米，为卵圆形或球形，体重可达40克。壳非常厚且坚硬，并微微向外凸出，呈白色或米黄色，上面长有5~6个螺层。

盖罩大蜗牛主要生活在东欧和西欧的部分国家。它们对生活的温度、空气湿度、光照、土壤等要求非常高，一般生活在温度为20℃~28℃、湿度为85%~90%的环境中。由于害怕强烈的光照，所以它们大多时间都藏在阴暗且潮湿的疏松土壤、洞穴以及岩石的缝隙中。尽管它们害怕光照，但是也无法适应完全没有光照的环境，所以它们会选择在一些有散射光的地方生活，灌木丛、枯草下或树叶堆下为它们生活的首选之地。

盖罩大蜗牛白天隐藏在阴暗处休息，到了夜晚11点左右的时候才会出来寻找食物。不过，在阴雨天气的白天它们也会出来活动。

它们在休息的时候，一般都是壳顶朝上，壳口朝下，这样可以避免其他动物会打扰它们的休息。

盖罩大蜗牛的食量非常大，每次能够摄取相当于自身体重5%左右的食物。不过，摄取的食物过多对它们并没有太大好处，而且还会带来疾病。

生活环境的变化也会影响到它们的食量。当生活环境适宜的时候，它们会大量地进食，一旦天气变得异常干燥或温度变得非常低的时候，它们的食欲就会大减，严重时还会出现绝食的现象。

盖罩大蜗牛在幼小时候的食物和长大后的食物有所不同。它们小的时候主要以腐殖质和植物新鲜的嫩叶为食。等它们长大之后，就开始吃葡萄、生菜、油菜等植物的茎、叶和果实了。

像僧人帽冠的唐冠螺

唐冠螺是腹足纲前鳃亚纲中腹足目唐冠螺科的一种大型海螺。它主要分布在东非沿岸、加罗林群岛、萨摩阿群岛、夏威夷群岛、日本南部等海域。我国的台湾和西沙群岛海域也盛产唐冠螺。

唐冠螺的贝壳表面呈灰白色，有不规则的红褐色斑纹，在近壳口处有很大的红褐色斑块。它的螺塔较低，体层丰润饱满，到了壳的顶端又变成尖尖的样子，看起来就像一顶唐代僧人的帽子。它位列“四大名螺”之首。

不过，唐冠螺没有大法螺美丽的花纹，没有鹦鹉螺悠久的历史，但它有强健的体魄，贝壳大而厚重，长和高都可以达到 30 厘米，灰白色到金黄色，具金属光泽，螺旋部低矮。肩部有 5～7 个角状突起。内、外唇扩张，盾面呈橘黄色。外唇内缘有 5～7 个齿。

唐冠螺主要生活栖息在低潮线水深 1～30 米的碎珊瑚底质或沙质的浅海地带。由于它的行动缓慢，常常以比它更小的生物为食。它最爱吃的食物包括海藻、棘皮动物以及一些其他微小生物。

由于唐冠螺的价值不菲，曾遭到人类大量捕猎，以作观赏之用，导致其数量急剧下降，目前，我国已经把唐冠螺纳入国家二级保护动物之列。